U0262328

供给侧结构性改革下的节能减排与经济发展研究

以内蒙古自治区为例

陈晓东　金碚　等
著

中国社会科学出版社

图书在版编目(CIP)数据

供给侧结构性改革下的节能减排与经济发展研究：以内蒙古自治区为例/陈晓东等著.
—北京：中国社会科学出版社，2016.9
(地方智库报告)
ISBN 978-7-5161-8683-1

Ⅰ.①供… Ⅱ.①陈… Ⅲ.①节能减排—关系—区域经济发展—研究—内蒙古
Ⅳ.①TK01②F127.26

中国版本图书馆 CIP 数据核字(2016)第 182682 号

出 版 人 赵剑英
责任编辑 喻 苗
责任校对 刘 娟
责任印制 李寡寡

出 版 中国社会科学出版社
社 址 北京鼓楼西大街甲 158 号
邮 编 100720
网 址 http://www.csspw.cn
发 行 部 010-84083685
门 市 部 010-84029450
经 销 新华书店及其他书店

印刷装订 北京君升印刷有限公司
版 次 2016 年 9 月第 1 版
印 次 2016 年 9 月第 1 次印刷

开 本 787×1092 1/16
印 张 11.5
插 页 2
字 数 155 千字
定 价 48.00 元

课题组长：

金　　碚：中国社会科学院学部委员，中国区域经济学会会长，中国经营报社社长，工业经济研究所原所长

陈晓东：中国社会科学院工业经济研究所副研究员，博士后

北京大学国家竞争力研究院特聘研究员

中国区域经济学会副秘书长

全国区域发展与产业升级研究联盟副秘书长兼研究部主任

项目总协调人

课题组成员：

王燕梅：中国社会科学院工业经济研究所副研究员，编辑部副主任，博士

梁泳梅：中国社会科学院工业经济研究所副研究员，博士后

高　　国：内蒙古自治区节能与应对气候变化中心副主任，副教授

王莉莉：内蒙古自治区节能与应对气候变化中心科长，硕士

陈凤仙：中国社会科学院工业经济研究所博士后

郝　　丹：中国社会科学院工业经济研究所博士后

常少观：中国社会科学院工业经济研究所博士生

张鹏飞：中国社会科学院工业经济研究所硕士生

摘要：减少温室气体排放是对全人类的贡献，影响的是人类社会的未来。所谓节能减排，就是尽可能地减少对化石能源的使用，尽可能地减少碳排放。而对于各国政府来说，更现实的突出问题则来自于在经济社会发展中，如何更好地解决“三废”排放问题，如何更好地保护当地的生态环境。节能减排意味着在减少投入以及较少的负面产出前提下实现有效率、绿色环保甚至是创新的市场供给。这与我国目前正在进行的供给侧结构改革内在要求高度一致。在推进节能减排的工作中，要照顾到中央政府、地方政府和企业的关切所在，妥善处理资源型省区节能减排与经济协调发展的关系，使节能减排指标分配与各省区发展阶段相匹配、与国家产业政策相协调，尽快实现我国经济转型升级。

Abstract: Reducing greenhouse gas emissions is a contribution to all mankind, and it affects the future of human society. The so-called energy-saving and emission-reduction, is to reduce the use of fossil energy as much as possible, to reduce carbon emissions as much as possible. And for the government all over the world, more realistic problems from developing economic and social is how to better solve the "three wastes" emissions, how to better protect the local ecological environment. Energy-saving and emission-reduction means to achieve efficiency, green environmental protection and even innovative market supply in the context of less investment and less negative output. This is in line with China's ongoing supply side structural reform requires a high degree of consistency. To promote energy-saving emission reduction work, should take care of the concerns of the central government, local government and enterprises, should properly handle the resource type provincial energy-saving emission reduction and economic development to make energy-saving emission reduction target distribution and the regional development stage matched and coordinated with the national industrial policy, as soon as possible to achieve the transformation and upgrading of China's economy.

前　言

节能减排是人类面临的一项共同的艰巨任务。如果我们现在不高瞻远瞩、身体力行，未来如何泽被子孙，如何留下一个人与自然和谐共生的地球。所谓节能减排，就是尽可能的减少对化石能源的使用，尽可能地减少碳排放。这也是发展再生能源与新能源的一个主要动因。如果使用的是再生能源，则不存在节能减排的问题；目前新能源的发展，无论从技术层面来看还是从使用成本来看，都还远没有达到市场化的要求。人类社会发展至今，需要担忧的不仅仅是化石能源的稀缺性，还有消耗这些化石能源所带来的温室气体排放及全球气候变暖。当然，再生能源和新能源的发展与创新，也使得一个朝气蓬勃的未来正在日益向人类靠近。

节能减排意味在减少投入以及较少负面产出的前提下实现有效、绿色、环保甚至是创新的市场供给。这与我国目前正在进行的供给侧结构改革内在要求高度一致。我国是一个煤多油少气少的国家。这种资源禀赋注定了我国以煤为主的能源结构，而且这种能源结构在未来相当长的一段时间不会发生根本性的改变。目前我国经济发展处于转方式、调结构的经济转型升级的过度期时，市场也进入了调整期，许多企业订单减少，员工放假，处于关门歇业状态的也不在少数，一些地方政府节能减排的任务实现了从采取强制措施到轻松完成。

随着供给侧结构性改革及其配套措施的落实，市场上投机机会将会不断减少以及投机收益风险的加大，实体经济必然会逐步走出低谷，节能减排又将会成为地方政府的巨大压力。我国幅员辽阔，各区域在经济社会发展上极不平衡。如果能给予欠发达地区在政策、资金、技术方面的支持，他们实现经济社会总体发展目标就会更容易一些；而且也会减少一些行业或部分地区采用低效率、高成本的短期行为与措施来被动应付节能减排，有利于在全国形成一个基于内生技术进步的产业转型升级的长效机制。而技术进步与技术创新是完成供给侧结构性改革、实现产品供给转型升级的关键，也是有效实现节能减排最重要的方式。目前我国调整经济结构、产业转型升级正处于阵痛期，这为我们冷静思考下一轮经济实现健康稳定可持续发展、采取技术创新实现产业转型升级赢得了宝贵时间。

内蒙古自治区领导和有关职能部门十分重视节能减排的落实与研究工作。由自治区发改委牵头，委托我们进行节能减排与经济协调发展的研究。中国社科院城环所所长、中国气候政策研究院院长潘家华先生、自治区发改委包满达主任、文民副主任、迟瑞平处长等领导非常重视，发改委节能中心冷冰主任更是安排中心副主任高国带领王莉莉、王其赫、云鹏等工作人员全程陪同课题组在内蒙主要地市进行调研考察；各地市政府、发改委及相关职能部门、企业领导十分重视，提供了内蒙古节能减排与经济发展的第一手资料，使我们能够了解和掌握内蒙古节能减排与经济发展的最新情况。尤其是我国著名经济学家、学部委员金碚研究员，不辞舟车劳顿，带领课题组在内蒙广袤土地上奔波调研，在课题组会议上启发大家顿开茅塞，为课题的顺利进行提供了更高的战略视角和坚实的学术保障。

全书分工如下：第一章，陈晓东、金碚；第二章，陈晓东、张鹏飞；第三章，陈凤仙；第四章，郝丹；第五章，王燕梅；第六章，梁泳梅；第七章，常少观；第八章，陈晓东、金碚。课题组是一个优秀的高效的团队，时间紧、任务重，不仅按期保质保量地完成了课题研究，在2016年春节前上报中央要报1篇、研究报告1篇，在结题前还发表了3篇学术论文，在工经所内要报上发表5篇，后期还将有研究成果陆续发表。理论是灰色的，而生命之树长青。希望我们对在供给侧结构性改革过程中关于节能减排与经济协调发展的研究，能够对资源型省份与地区的经济转型与产业升级有所裨益和启发，为我国转变经济发展方式提供智力支持。

陈晓东

2016年08月08日

目　　录

第一章　总论

全球气候变暖及其产生的相关问题已经引起了世界各国的高度关注。国际社会在反思现有经济发展模式和能源消费结构的同时，力求构建一个有执行力的行动纲领来解决由碳排放量不断增加所引起的全球气候变暖问题。目前，我国正处于经济转型升级的过渡期，随着供给侧结构性改革及其配套措施的深入推进，实体经济必然会逐步走出低谷，各级政府又会再次面临节能减排的压力。

一　节能减排是经济转型升级的内在要求

节能减排，即所谓的人类在目前的经济社会发展中，尽可能地减少对化石能源的依赖与使用，尽可能地减少碳排放。如果使用的是可再生能源，则不存在节能减排的问题，而是多多益善地使用。由于目前新能源技术的发展还存在着一定的不确定性或者说还远没有达到市场化的水平，而全球气候变化对生态系统与经济社会系统存在着重大影响，人类需要担忧的不仅仅是化石能源的稀缺性，还有消耗这些化石能源所带来的温室气体排放及全球气候变暖。马克思早在1844年就指出，工业和农业废料及消费品消费残留会破坏环境，最大限度地减少排放或者尽可能地重复使用是改善这种状况的有效途径。他说："没有自然界，没有感性的外部世界，工人什么也不能创造”；同样，恩格斯也指出：“工厂城市把一切水都变成臭气冲天的污水”，造成“空气、水和土地的污染”，破坏了生态系统正常运转与转化。减少温室气体排放是对全人类的贡献，影响的是人类社会的未来。而对于各国各地政府来说，更现实的突出问题则来自在经济社会发展中，如何更好地解决“三废”排放问题，如何更好地保护当地的生态环境。

节能减排意味着节约能源消耗和减少污染排放，即在减少投入以及较少的负面产出前提下实现有效率、绿色环保甚至是创新的市场供给。这与我国目前正在进行的供给侧结构改革内在要求高度一致。我国许多资源型省区在经济高增长的背景下，蕴含着大量的要素投入和与之相伴的污染排放。如内蒙古虽然在改革开放以来经济社会发展成就有目共睹，但随着时间的推移，能源资源消耗和环境污染等现象与经济社会协调发展的矛盾日益显现，以能源、资源为支柱的产业也遇到了诸多的困难与瓶颈。产业结构单一、产品附加值低、产业链较短、高能耗、高污染等问题较为明显。市场机制虽然可以对这些资源在相当程度上进行“合理配置”，但如果出发点是追求经济行为主体利益最大化，其结果必然是通过能源与资源开发利用获得了短暂的繁荣，而生态环境却遭到了难以恢复的破坏。

面对未来严峻的节能减排任务，这些资源型省区在理顺新常态下经济发展和节能减排关系的同时，要面对节能减排给产业转型升级带来的机遇和挑战，找到在节能减排趋势下适合自己创新发展的新路径，最终达到保护生态环境、实现青山绿水与发展共赢，努力促进经济发展和生态环境保护相互促进，共同进步。

二　节能减排必须立足于我国国情与各地区发展阶段

我国正处于工业化加速发展的阶段，其突出特点就是重工业加速发展。这一时期，工业化和经济发展的速度会加快，能源消耗量还将会有所提高，温室气体和污染物排放也还会增加。在这样一个关键的发展时期，开展节能减排、发展低碳经济自然会面临一些矛盾与挑战：重化工业的扩张与生态环境容量的矛盾、发展方式转变的渐进性与能耗污染解决的长期性、经济发展与资源环境的不协调性仍会比较突出。

虽然我国经济社会得到长足发展，但受区域经济、自然基础条件等多方面因素的限制，各区域在经济社会发展上仍然呈现出极大的不平衡。这种不平衡主要表现在区域人均 GDP、工业化率、产业结构等方面。而在发达地区和欠发达地区实行统一的节能减排标准，这显然不够公平。如果采取分类指导和区别对待，给予欠发达地区相关政策、资金、技术方面的支持，这些地区实现经济社会总体发展目标会更容易一些；而且也会减少一些行业或部分地区采用低效率、高成本的短期行为与措施来被动应付节能减排，有利于在全国形成一个基于内生技术进步的产业转型升级的长效机制。

我国是一个煤多油少气少的国家。这种资源禀赋就注定了我国以煤为主要能源的能源结构，而且这种能源结构在未来相当长的一段时间不会发生根本性的改变。节能减排的本质是要在经济社会的发展中实现资源能源使用效率的提高及其投入数量的减少，而不是被动采取一些应急措施来对付完成。前些年市场景气时，为了完成节能减排的硬任务，我国一些地区曾出现“拉闸限电”等强制性措施来完成。这种“一刀切”的突击性节能减排，虽然一时数字达标，但却不能根本解决问题。而在当经济处于不景气时期，许多企业关门歇业，员工也处于放假休息状态，地方政府节能减排的任务不用采取强制措施也能轻松完成。

节能减排既是承担国际责任的需要，也是目前我国推进供给侧结构性改革、促进经济转型升级发展的需要。一些资源型省区作为国家的重要能源和重化工基地，近年来，肩负着能源供给和大幅度节能减排的双重艰巨任务。随着全国生产生活能源需求的不断增加，这些省区作为能源资源供给基地和生态环境脆弱叠加的区域，生态环境保护压力也随之增大。这些省区的经济社会发展相对于东部发达地区比较滞后，还处于加速发展阶段。国家目前的节能减排指标分配方法还没有充分考虑各地区的能源生产和消费结构，也没有很好地区分能源消费过程中一次能源和二次能源消费的比例，特别是在能源消费地区和供给地区间节能指标分配上尚存在不尽合理之处。这些在很大程度上影响了资源型省区节能减排工作与经济社会协调发展。

三　节能减排必须依靠技术创新和提高技术效率

技术创新与技术进步是完成供给侧结构性改革、实现产品供给转型升级的关键，也是有效实现节能减排最重要的方式。马克思在1844年曾指出："机器的改良，使那些在原有形式上本来不能利用的物质，获得了一种在新的生产中可以利用的形式；科学的进步，特别是化学的进步，发现了那些废物的有用性质。"在煤化工领域，随着化工技术进步，煤化工的许多废料都进一步地延伸到印染业、医药制造业等相关行业。马克思主义经典作家们，当时已认识到科技进步在减少排放和物质重复利用中的重要地位与作用。当今世界各国发展低碳经济，减少温室气体和污染物的排放，同样也得依靠科技进步。只有通过技术创新，才能有效地减少污染物的排放，从而保护生态环境，最终实现经济社会的可持续发展。

实现我国工业转型升级的关键在于提高技术创新与技术效率，也是我国工业实现节能减排与低碳发展的内在要求。实践证明，技术效率改进与技术创新均对工业碳生产率增长有显著的正向促进作用，而且技术效率改进对工业碳生产率增长的促进作用强于技术创新对碳生产率增长的促进作用。因此，不仅要发挥技术创新与技术进步对碳排放强度下降的促进作用，还需要进一步提高技术效率改进对工业碳生产率增长的促进作用。从表面上来看，我国节能减排在技术创新、技术进步以及提高技术效率上还有很大空间。作为一个发展中国家，我国目前的能源生产供给与利用、工业生产等领域技术水平相对还比较落后，技术开发能力和关键设备制造能力还有待提高。市场景气阶段大家都忙着赚钱，对此置之不理；而在市场疲软的时候，企业“有心没钱”的情况又比较突出，客观上阻碍了节能减排技术和创新的推广与应用。

资源型省份的主要行业多集中在资源型产业，通过减少资源使用量的方式来实现节能减排的空间非常有限。有鉴于此，这些省区近年来很多行业的企业在发展时都是用得比较先进的技术和设备，甚至是世界上最先进的。但是，这带来另外一个问题，即在市场不景气、订单减少的时候，这些最先进的节能减排技术与设备的运行成本成了企业最大的心病。运行，收入不足以弥补成本；不运行，违法排放，到头来处罚更为严厉，反而得不偿失。如今只有少数一些采用国际最先进技术与设备的重化工企业，它们抗风险的能力相对较强，在市场景气的时候有非常可观的利润，目前还能微利或者保本运行，而其他的企业干脆关门歇业。

可见，在适当的市场环境和政策条件下，企业完全有动力也有能力通过技术创新来实现大幅度的节能减排，甚至由此盈利也屡见不鲜。目前我国正处于调整经济结构、产业转型升级的阵痛期，经济增长放缓，这为我们冷静思考下一轮经济实现健康稳定可持续发展、采取技术创新实现产业转型升级赢得了宝贵时间。因此，应该特别重视通过技术创新、技术进步来实现节能减排，尤其是鼓励那些已经采用较为先进的技术和设备的企业，着力于增强技术效率的提高来实现碳排放强度的下降；同时，还可以出台相关的鼓励政策，发挥市场的决定性作用，建立全国能源统一大市场，创造良好的营商环境，实现产业转型升级、生态环境保护和经济社会的协调发展。

四 节能减排是一项投资巨大的长期工程

技术的创新与应用将是我国实现节能减排目标的中坚力量，从中长期来看，现有的和前瞻性技术的部署与应用对于我国节能减排、实现低碳发展将起到至关重要的作用。需要注意的是，关于中长期减排和相应的科技发展目标的研究几乎都是基于一个乐观的假设，也就是技术能够顺利研发并最终实现商业化应用。但是，由于科学技术发展具有不确定性，先进技术的研发和应用存在着延迟或失败的风险。

各项研究均表明，将需要巨额的成本和投资在全球范围内实现控制温室气体排放的目标。若要将升温幅度控制在2℃以内，到2030年全球每年的节能减排成本在最乐观的情形下为2000—3500亿欧元。在前期投资方面，每年需要1万亿美元的投资来保证关键技术的研发与商业化，这相当于全球40%的基础设施投入或者全球国民生产总值的1.4%。根据麦肯锡估计，如果油价为60美元/桶，到2020年每年需要的增量投资约为530.0亿欧元，到2030年则达到每年8100亿欧元。

节能减排所需要的投资水平与所选技术的成本关系密切，随着节能减排的深入，所需投资水平将持续增加。巨额的投入将为中国实现能源强度降低的目标带来严峻的挑战。随着减排工作的持续和深入，国家需要充分考虑节能减排成本的变化来制定阶段性能源强度和减排目标。总体来看，颠覆性技术进展、上游原材料成本的降低、产量和应用规模的扩大以及技术的本土化进程等，都是促进技术减排、成本下降的动力。在政策上可以采用适当的途径如对技术自主研发和大规模应用的激励促进技术成本的降低等。

综合考虑减排技术所需的前期投资和应用成本是必要的。各领域技术的减排成本与前期投资之间并无必然关联，二者对技术应用都会产生影响。由于其所需要的前期投资巨大，对于建筑、交通运输领域的负成本技术来说，融资支持对推动此类资本密集型的负成本技术更为有效；相比之下，钢铁、化工和电力等领域的减排技术应用成本相对较高，但前期投资比例较低，在运行过程中的经济激励可以有效地促进此类技术的推广；在废弃物处理和资源化等领域的减排成本和投资都相对较低，保证其充分发挥减排潜力的关键在于设计有效的核算和监管体系。技术在初期投资和减排成本方面的特点，政府在政策的制定过程中应当充分考虑。

总体来看，虽然巨额的前期投资和成本是一个巨大挑战，但我国仍然面临着很多机遇来实现减排目标：中国潜在的规模巨大的市场使得节能减排技术在规模化应用时的低成本成为可能；比起在发达国家改造更新旧企业旧设备，在中国建立新企业新设备的成本低；在合理的政策引导下，计划投向高碳技术的资金有很大可能转而投向低碳技术，使得对额外投资的需求减少。

第二章　国际节能减排与经济创新发展的经验与路径

准确把握国外关于节能减排与经济发展关系的研究现状以及发达国家和发展中国家的发展路径，充分借鉴已有的研究成果与经验教训，梳理节能减排与经济发展关系的基本脉络，既能够有效避免重复研究，又能为本课题解决的问题提供理论基础与经验借鉴。

一　国外有关节能减排研究的重要文献回顾

从现有的最新外文文献来看，由于经济体制、发展阶段等社会经济宏观因素的巨大差异，导致我国与国外发达国家的能源资源开发及管理体制方面存在着显著差别，因此，关于节能减排及经济发展研究，发达国家的研究视角与国内有着许多差异。

（一）能源、环境与经济增长之间的关系

Yldlrlma，Sukruoglu 和 Aslan（2014）通过建立 GDP、人均能耗和总资本形成的三元模型，分析了 11 个国家经济增长和能源消耗之间的关系，发现除土耳其外，中性假设在其他几个样本国家均成立。文章表明，节能政策应在孟加拉国、埃及、印度尼西亚、伊朗、韩国、墨西哥、巴基斯坦和菲律宾实施。而在土耳其，表现出能源消耗对经济增长的单项因果关系。因此，节能政

策会阻碍土耳其的经济增长。

Magazzino（2015）用时间序列方法估计了1970—2009年间意大利GDP和能源消耗之间的关系。研究发现，两个变量之间存在双向因果关系。他得出的结论是，在意大利，能源是限制经济增长的一个因素，主张应合理制定和实施节能政策。

Ohler和Fetters（2014）使用20个OECD国家1990—2008年的数据，建立面板误差修正模型，研究了经济增长与不同的可循环能源（生物能、地热能、水能、太阳能、废能和风能）发电量之间的关系。他们发现，从总量上来看，可循环能源发电量与真实GDP之间存在双向关系。在长期，生物能、水能、废能和风能的发电量与GDP正向相关；在短期，水能和废能发电量与GDP正向相关。而且，长期中生物能、水能和废能对GDP的影响最大。而考虑部门间的依存关系，作者发现，在短期，增加生物能和废能会对GDP产生负面影响，但总的可循环能源和水能会增加GDP。因此，节能政策如果能减少生物能和废能发电，而增加水能和风能发电，就会对GDP产生正面影响。

Jalil（2014）使用面板方法，讨论了能源进口国和出口国的多样性和部门间的依赖关系，研究了能源消耗和经济增长之间的关系。研究结果表明，能源消耗不仅对能源进口国是重要投入，对能源出口国也是如此。而且，结果还表明，由于不同的国家有不同的斜率系数，所以，不同国家的政策选择也应不同。

Bastola和Sapkota（2015）使用时间序列模型，检验了尼泊尔能源消耗、碳排放和经济增长之间的关系。格兰杰因果性检验显示，在长期中，能源消耗和碳排放之间存在双向因果关系，经济增长对能源消耗和碳排放分别存在单向因果关系。他们的研究结果表明，长期中，促进能源消耗的政策并不能刺激经济增长，反而会给环境带来不良影响，而节能减排政策也不会阻碍经济增长。

Salim，Hassan和Shafiei（2014）以OECD国家1980—2011

年的数据为样本，检验了可再生能源和不可再生能源消耗与工业产出和经济增长之间的长期关系。结果显示，可再生能源和不可再生能源消耗、工业产出和经济增长之间存在长期均衡关系。面板因果性分析显示，在短期和长期，不管是工业产出和可再生能源消耗还是不可再生能源消耗均存在双向因果关系。在短期，经济增长和不可再生能源消耗存在双向因果关系，而与可再生能源消耗存在单向因果关系。结果表明，OECD 国家的工业产出和经济增长依旧依赖于能源消耗。但是，可再生能源的扩大使用对解决能源安全和环境问题，实现经济的可持续发展具有重要意义。

Polemics 和 Dagoumas（2013）在多变量框架下，采用协整技术和向量误差修正模型，以希腊 1990—2011 年间的数据为样本，对电力消耗和经济增长之间的短期和长期关系进行分析。结果显示，长期电力需求对价格无弹性，对收入有弹性，而在短期相关弹性小于1。作者认为，希腊的电力消耗和经济增长之间是双向关系。希腊是一个依赖于能源的国家，合理的节能政策甚至有可能促进希腊的经济增长，而可循环能源的开发利用可以提高希腊的能源安全。

（二）能源强度和碳排放的影响因素

Branger 和 Quirion（2015）分别在欧盟 27 国水平和欧盟的 6 个主要水泥生产国（德国、法国、西班牙、英国、意大利和波兰）水平上，分析了欧洲水泥产业在 1990—2012 年间碳排放的变化。采用的分析方法为 LMDI 方法，数据来自 GNR、EUTL 和欧洲统计局国际贸易数据库。他们将碳排放变化分解为 7 个因素：生产活动、煤渣交易、煤渣分享、可替代能源、电能、电力效率以及电力减碳化。研究发现，除了技术进步（首先是煤渣分享的减少，其次是可替代能源的增长）导致的碳排放的缓慢减少趋势，大多数的碳排放变化可归因于生产活动。作者还估计，欧盟 ETS 的引入对技术性减排会起到很小的正面影响。而且，他们发现，主要因为产量的下滑，欧洲水泥业获得了350亿欧元的“超额分配利润”。

Grunewald，Jakob和Mouratiadou（2014）基于CO_2排放与能源相关的历史数据和CO_2排放的未来方案，构建REMIND模型，分析了全球人均CO_2排放不平等的演进。结果显示，作为样本的90个国家的基尼系数从1971年的0.6下降到2008年的稍高于0.4的水平。将总排放分解为各种原始能源的排放进行分析，发现这种下降主要是因为来自煤/泥炭和石油的排放比重的减少，以及所有原始能源内部排放不平等的降低。而从经济部门来看，这种下降主要是因为制造和建筑部门排放比重的下降。他们的研究也表明了气候政策会减少排放的绝对不平等，同时引致所有地区减少排放的巨大进步。

（三）能源、环境与技术、投资的关系

Kander和Stern（2014）使用瑞典1850—1950年的数据，检验了现代能源对传统能源的替代性和这两种能源在经济增长中的中性技术进步率。文章使用CES生产函数，将技术进步作为内生要素，基于计量结果进行反事实估计。结果显示，尽管现代能源的技术进步率更高些，但在1850—1890年，传统能源的技术进步对经济增长的作用更大。然而，在1890年后，现代能源对经济增长的贡献超越传统能源。但是，提高劳动效率的技术进步逐渐成为经济增长最重要的驱动因素。

Neto，Perobeli和Bastos（2014）使用巴西、中国、印度、美国、德国和英国1995—2005年间的投入—产出表，通过结构分解分析，来估计发展中国家和发达国家能源需求的变化。结果表明，巴西是唯一技术对能源产生正向冲击的国家。德国和英国在样本期内减少了能源使用。中国和英国的可再生能源投入减少。巴西、中国和美国煤的使用增加。

（四）能源环境政策的影响

Halkos 和 Paizanos（2016）使用美国 1973—2013 年的季度数据，构建向量自回归模型，研究了财政政策对 CO_2 排放的影响。特别地，通过识别政策冲击的信号约束，来分析短期和中期财政政策和 CO_2 排放的相互关系。并且，从排放源角度，将排放分为由生产产生的排放和由消费产生的排放，来研究财政政策对变量可能产生的影响。结果显示，扩张性的财政政策，对两种类型的排放都会起到减少的作用。然而，赤字财政下的减税政策会导致由消费产生的 CO_2 排放增加。具体的减排效果依赖于排放源类型、财政政策和政府支出的种类。

Ščasny，Massetti，Melichar 和 Carrara（2015）研究了两种代表性的气候政策路径 RCP2. 6 和 RCP4. 5 减少温室气体排放带来的经济利益。研究表明，不进行折算，RCP2. 6 下，每减少 1 吨 CO_2 排放，附带的经济利益约为 46 欧元；RCP4. 5 下，每减少 1 吨 CO_2 排放，附带的经济利益约为 51 欧元。进行折算后，RCP2. 6 下，每减少 1 吨 CO_2 排放，附带的经济利益约为 17 欧元；RCP4. 5 下，每减少 1 吨 CO_2 排放，附带的经济利益约为 15. 5 欧元。在两种政策体系下，地方从减少的每吨 CO_2 排放中获得的经济利益呈递减趋势。

Cainelli，Mazzanti 和 Zoboli（2013）以 61219 个意大利制造企业的数据表和部门环境—经济账户的数据为样本，研究了部门环境绩效和企业经济增长之间的关系。特别地，该文研究了过去的排放强度和影响企业经济的环境管制之间的相关性。结果显示，高排污强度给企业更多的自由和更少的约束以便经济增长。也就是说，经济增长和环境绩效之间存在权衡取舍关系。然而，经济增长和环境绩效之间似乎存在非线性关系。在某一动态连接点上，可能存在低环境绩效会妨碍经济增长而对绿色技术的投资会带来更好的经济绩效的情况。

Springmann，Zhang 和 Karplus（2015）在中国半数以上的碳排放包含在省际间交易这一背景下，运用区域间可计算一般均衡模型，研究了中国各省份碳排放强度目标的调整问题，并估计其对中国各省的经济效应。该文发现，2007 年，中国东部省份碳排放的 14% 是从中西部省份外购得来。调整后的减排目标会增加东部地区 60% 的减排压力，同时减少中西部地区 50% 的减排压力。但是，从模型来看，这种调整会使中国经济的无谓损失增加至原来的两倍。因此，需要设计一个能平衡生产和消费的且对各省份都公平的碳排放责任机制。

二 节能减排的国际经验与路径选择

对经济发达国家的节能减排路径进行分析有助于认识我国节能减排所处的阶段、特点，发达国家的减排经验可以为我国的 CO_2 减排提供一些借鉴，发达国家在碳排放税的征收、碳排放的交易制度以及促进可再生能源发展方面有比较成熟的理论研究和实践经验；同样对于发展中国家的减排路径分析同样对我国的碳减排政策提供有益的借鉴，发展中国家经济发展的落后、碳减排交易制度的缺失以及化石能源利用的低效率等因素与我国的现实情况相类似。

（一）经济发达国家节能减排路径分析

发达国家的工业化城市化进程已经基本完成，从历史的角度看发达国家在工业化城市化过程中产生的累积碳排放成为迫切需要解决的环境问题。通过对世界主要发达经济体的碳减排路径进行分析，在发达国家中碳减排制度以及可再生能源产业发展最好的经济体是欧盟；由于受到本国资源条件的制约，日本的碳减排制度发展比较完善，日本的碳减排经验比较值得借鉴。

1. 欧盟各国的碳减排路径分析

欧盟成员国是 CO_2 减排的积极推动者，非常重视石油的替代能源可再生能源以及清洁能源的开发和利用。

（1）英国是最早提出实施碳减排政策的国家，英国在近几年出台了一系列碳减排的相关政策计划。在《我们能源的未来：创建低碳经济》（2003）中提出了碳减排的目标——到2050年碳排放量减少一半，将发展低碳经济作为未来经济发展的增长点；2007年通过《能源白皮书——迎接能源挑战》，制定具有法律约束效力的排放目标实施碳减排。英国的可再生能源丰富，注重发展可再生能源，风能的开发和利用是英国发展可再生能源的重点。自20世纪90年代以来，开始发展风电，到2006年风电发电量占总量的1.3%。2002年实施可再生能源强制制度，逐步增加可再生能源占总能源供应的百分比，其可再生能源的比例从2002年的3.0%增加到2011年的10.4%。

（2）德国与美国相比其CO_2排放比率低很多。德国2005年人均CO_2排放量为9.5吨，人均国民收入为34990美元。德国的能源资源除煤炭比较丰富外，石油天然气几乎都依赖于进口，其能源消费受到政府的重视，从20世纪90年代通过了《电力供应法》（1991），鼓励电力企业自发采用相关措施提高可再生能源的发电比例，规定了运用可再生能源（包括水电、风电、太阳能发电和生物质能发电）生产订立的购买和价格，公共电力公司有责任购买利用可再生能源生产的电力。在环境管理方面，通过《可再生能源法》（2000），目的是通过提高消耗的可再生能源在总的能源消耗中所占的比例，实现降低碳排放、保护环境、推动能源供应的可持续发展。

（3）北欧是实施碳减排政策最早的地区之一，芬兰1990年开始对化石燃料的消费征收CO_2税，瑞典也在1991年在税制改革中开始征收碳税，丹麦从1992年开始对企业和居民征收碳税，其实施的碳排放税收政策有两个特点：一是对CO_2税按照用途实施不同的退税方案，把企业使用的能源分为供暖用的能源、生产使用的能源和照明使用的能源三类，对生产使用的能源按照基准税率的25%征税，对于照明使用的能源按照90%征税，而对于供暖使用的能源按照基准税率征收，这种根据生产的不同用途实施差别税率的政策使得经济中的能源更多地用于生产中，较少地用于非生活必需消费；第二个特点是按照企业的类型对是否参加自愿减排协议实施不同的退税方案，为企业提高能源的利用效率提供激励。考虑到企业的国际竞争力，瑞典对私人家庭、一般工业企业和高耗能企业分别采取不同的退税率，对私人家庭按照基准税率征收，一般工业企业按照50%的比例征收，而高耗能企业则免予征收。

发达国家的可再生能源政策主要有固定电价制度和可再生能源配额制度，欧盟委员会制定了可再生能源使用的目标：欧盟委员会通过《关于可再生能源的白皮书》（1997），使用可再生能源替代化石能源，以实现到2010年发达国家温室气体排放量为1990年排放量的15%这一目标。基于电力消费占欧盟总能源消费比重的40%，《关于可再生能源的白皮书》在市场方面为可再生能源电力以公平价格进入电力市场制定了法律框架。

自20世纪70年代以来，一些发达国家开始制定针对新能源的激励政策，如美国、日本等国家。实施碳税的国家全部为OECD的发达国家，5个北欧国家（丹麦、芬兰、荷兰、挪威、瑞典）为已实施碳税的国家，英国实施的是“气候变化税”，从2001年开征。到90年代丹麦开始对家庭和工业企业征收CO_2税（Peter Hennicke et al. 1998）。荷兰于1996年开始实行能源调节税，通过征税增加能源的使用成本，达到减少能源消费量从而减小对环境的影响。1991年挪威征收CO_2排放税，对某些行业采取免税或者减税措施。瑞典也是从1991年开始征收碳税，对采矿业、制造业等一些高耗能部门碳税全免，工业部门按照税率的一半征收（Bernard A et al. 2003）。从2008年开始，韩国对液化石油气（LPG）、重油等石油制品征收碳税。2008年10月1日起加拿大魁北克省率先征收碳排放税，所得收益用于温室气体减排计划（NDRC，2007）。发达国家的碳税实施经验，为我国碳税体制的设计提供了参考。

2. 美国的碳减排路径分析

无论是从排放总量还是从人均排放量来说，美国的碳排放量均居世界前列。美国的碳减排实施政策，把保护国内经济发展放在首位。考虑到过多的环境保护对经济可能会产生不利的影响，对能源密集型企业征收碳排放税，会通过价格向上游传递，影响能源的供应价格，进而影响经济的发展，因此美国在 2001 年宣布退出《京都议定书》，其退出《京都议定书》的根本原因是把碳减排问题置于促进经济发展和解决能源危机之后。美国倾向于运用市场的方法进行减排，如美国的二氧化硫排放交易体系。

美国的碳减排路径之一是提高能源的使用效率，同时还注重发展可再生能源。美国《能源政策法》（1992）注重提高能源效率的同时制定可再生能源使用的目标。例如美国加利福尼亚州的可再生能源项目通过制定可再生能源配额标准，规定在 2010 年之前可再生能源占发电量比例为 20%，使得供电企业通过市场的方式完成配额标准。

3. 日本的碳减排路径分析

由于日本本国的资源比较贫乏，受到本国的资源禀赋的约束，日本的化石能源大部分依赖国外进口，因此日本政府和社会一直非常重视能源问题，致力于改善能源结构，提高能源利用效率。首先是在法律法规方面鼓励节约能源，提高能源的利用效率。日本颁布实施《节约能源法》（1979），开始重视提高能源的利用效率。制定国家能耗标准，强制淘汰高耗能产品，重视节能技术的开发。其次是实施鼓励碳减排的财税政策，日本倾向于运用非市场化的减排制度和减排措施，其碳税方案的征收对象涉及的范围包括能源消费密集的企业、消费者还有办公场所，能源密集型企业包括大量使用煤炭、石油、天然气的企业，使用化石能源发电的电力企业等。再次是日本在提高能源效率的同时鼓励发展可再生能源，通过《可再生能源标准法》（2003），使得可再生能源占能源提供的一定比例，逐步提高可再生能源在整个能源结构中的比重。通过实施《新国家能源战略》（2006）进一步促进发展节能减排技术，积极发展太阳能、风能等可再生能源。最后是碳减排的意识逐渐被日本企业和消费者所接受，企业倾向于提供低碳排放的消费品，而消费者的环保意识增强会使得消费者偏好转变，这可能反过来影响到生产者的行为，使整个经济的生产和消费都向着低碳排放的方向发展。

（二）发展中国家的碳减排路径分析

对其他发展中国家的 CO_2 减排路径进行分析，可能会给同样是发展中国家的我国的 CO_2 减排提供一些借鉴。发展中国家积极发展可再生能源，部分替代化石能源的消费，但是由于技术水平及发展阶段的不同，可再生能源与传统化石能源相比较其生产成本比较高，所以在发展可再生能源过程中存在某些障碍，和发达国家相比较，由于经济发展阶段的不同，发展中国家的经济发展相对落后，经济发展需要的基础设施建设、工业化过程需要大量的能源消费，发展中国家的 CO_2 排放还会增加，这些因素决定了发展中国家在碳减排问题上面临着更大的挑战。从经济发展的路径看，发展中国家与发达国家的减排路径有很大的差异。怎样处理经济发展与 CO_2 减排的关系，是发展中国家面临的共同问题。

1. 印度的碳减排路径分析

根据世界银行 WDI 数据库 2005 年数据，印度的人均 CO_2 排放量为 1.8 公吨，人均国民收入 740 美元，可以看出印度的经济发展水平和碳排放水平都比较低，未来的工业化和城市化过程中，其碳排放量会呈上升趋势，这也是发展中国家碳排放的共同规律，印度政府重视气候变化带来的影响，制订了《气候变化国家行动计划》。首先，印度非常重视可再生能源的发展和利用。在可再生能源市场方面，印度制定非常规能源发电的购电价固定规则，对运用非常规能源（包括太阳能、风能、小水电和生物质能）发电制定基本的电价，并且电价逐步提高，并规定了至少20年的购电协议，刺激非常规能源发电行业的发展，鼓励了长期投资进入可再生能源行业。

其次，在提高能源利用效率方面，印度政府开始制定碳减排标准。通过节能建筑法，能源效率标准等法律法规，从制度方面减少高耗能行业的能源消耗，提高能源的使用效率，降低碳排放。

2. 巴西的碳减排状况

巴西作为一个发展中国家，其经济的迅速发展导致碳排放量急剧增加，到2005年成为全球第四大碳排放国，占全球碳排放量的5%。巴西碳排放的结构特点是居于第一位的森林砍伐，第二位是农业，居于第三、第四位的分别是交通部门和电力行业。

巴西政府采取激励措施减少森林砍伐，通过了《保护和控制滥伐森林行动计划》，这一计划的实施使得在2003—2008年间亚马孙河流域减少了60%的砍伐森林行为。巴西的生物燃料技术得到充分发展，得益于政府的激励政策，实施补贴、配额计划等。交通部门的排放占巴西总碳排放量的6%，远低于世界平均水平的13%，这主要得益于巴西的乙醇替代化石燃料，乙醇替代率为40%，这一指标巴西政府计划到2020年达到80%，巴西发展生物燃料的另一个重要方面是生物柴油，巴西政府2004年通过强制推行生物柴油法令，规定销售柴油中的生物柴油所占的最低比例，2008年到2013年的目标从2%上升为5%。

综上所述，发展中国家面临的碳减排形势比发达国家要严峻得多，增量的碳排放已经主要来自中国和亚非拉等发展中国家，欧美等经济发达国家的碳排放已经比较稳定，发展中国家同时面临经济发展与CO_2减排两个任务。一方面发展中国家需要发展经济，增加国民的经济福利，在经济高速发展的过程中CO_2排放速度将增加；另一方面从保护环境的角度，虽然在经济发展的过程

中 CO_2 排放速度增加，但是由于发展中国家缺乏足够的碳减排资金、碳减排技术以及相关碳减排制度的缺失，因此在碳减排问题上面临着一系列的约束条件。

三　对我国节能减排的政策启示

通过对上述发达国家和发展中国家节能减排路径的分析，对于我国实施节能减排的政策有如下几点启示：

1. 发挥市场的决定作用。美国的节能减排政策把保护国内经济发展放在首位，考虑到过多的环境保护对经济可能会产生不利的影响，对能源密集型企业征收碳排放税，会通过价格向下游传递，影响能源的供应价格，以致影响经济的发展。这对于经济需要快速发展的我国来说尤其具有重要的意义，倾向于运用市场的方法进行 CO_2 减排，尽量减少碳减排政策对经济带来的扭曲，这种碳减排值得借鉴。

2. 政策要与技术阶段相匹配。出台的政策要真正解决了自己国家的技术发展所面临的最大障碍，即政策资源的效率是否达到最佳。在这个背景下，实事求是地判断各项技术在自己国家所处的发展阶段，并根据技术发展特点出台相关政策。

3. 提高能源利用效率。欧盟成员国所使用的能源大部分依赖于进口，再加上 20 世纪 70 年代以来化石能源价格的上涨以及波动（以石油为例），使得欧盟各国重视能源利用效率的提高。我国经济的迅速发展，使得化石能源的消费量急剧增加，也需要重视提高能源的利用效率。

4. 分类征税。北欧国家在征收碳排放税时，区分生产使用的能源照明、照明使用的能源和供暖用的能源，对能源按照不同类型的使用目的征收不同的税率，对生产使用的能源按照基准税率的 25% 征税，对于照明使用的能源按照 90% 征税，而对于供暖使用的能源按照基准税率征收，这种根据生产的不同用途实施差别税率使得经济中的能源更多地用于生产中，对于用于生活必需消费也是比较低的税率，而对于非生活必需的能源使用征收税率更高。

5. 实施不同的退税方案。按照企业的类型对是否参加自愿减排协议实施不同的退税方案，为企业提高能源的利用效率提供激励。考虑到高耗能企业的国际竞争力，对高耗能企业在一定阶段采取减免政策，使得这些企业有充分的调整时间，以减少经济的转型成本。

6. 发展可再生能源。印度对于可再生能源行业采取优惠政策，对利用可再生能源发电的电价采取价格保护，刺激可再生能源发电产业的发展，鼓励投资进入可再生能源行业。这些可再生能源发展的政策有利于可再生能源替代化石能源，在长期内减少经济发展过程中的碳排放量。

第三章　经济发展新常态下内蒙古节能减排形势分析

改革开放以来，我国经济发展取得举世瞩目的成就，但是伴随经济高速发展，我国的能源消费总量也在不断增加。内蒙古是能源生产大区，特别是煤炭资源非常丰富，在国家能源生产和供应中，占有举足轻重的重要地位。近年来，内蒙古能源产业发展依托煤炭，在风能、太阳能等新能源领域取得了突出成绩。但是近年来，随着工业化进程加快、人口不断增加，内蒙古经济发展与资源环境的矛盾日趋尖锐，面临的节能减排压力不断加大。实现内蒙古经济又好又快发展，关键是要在转变经济发展方面迈出实质性步伐。在新的形势下，系统分析内蒙古产业发展特点、能源生产与消费结构，以及与节能减排的内在关系，采取有效措施，切实提高能源综合利用效率，减少污染排放，对内蒙古加快经济发展方式转变，提高经济发展的协调性和持续性具有重要的现实意义。

一　能源生产、消费与节能减排

（一）节能减排与经济增长

节能减排有广义和狭义之分。广义而言，节能减排是指节约物质资源和能量资源，减少废弃物和环境有害物（包括三废和噪声等）排放；狭义而言，节能减排是指节约能源、减少环境有害物排放。

节能减排包括节能和减排两大技术领域，二者有联系，又有区别。《中华人民共和国节约能源法》指出，“节约资源是我国的基本国策。国家实施节约与开发并举、把节约放在首位的能源发展战略”。其中，节能是指加强用能管理，采取技术上可行、经济上合理以及环境和社会可以承受的措施，从能源生产到消费的各个环节，降低消耗、减少损失和污染物排放、制止浪费，有效、合理地利用能源。在“十一五”规划中，政府提出，“十一五”期间单位国内生产总值能耗降低20%左右，主要污染物排放总量减少10%的约束性指标。这两个指标结合在一起，就是通常所说的节能减排。

因此，降低单位GDP能耗（即能源强度）是节能的一个重要衡量指标。能源强度是指，一国在一定时期单位GDP所消耗的能源量，通常以吨标准煤/万元产值来表示。一定GDP所消耗的能源使用量的减少（即节能），或者一定量的能源生产出更多的GDP，都代表着能源强度的改善。但能源强度指标主旨在于，为满足经济发展提供稳定和可持续的能源供给量。“十三五”规划建议指出，“强化约束性指标管理，实行能源和水资源消耗、建设用地等总量和强度双控行动”。这意味着在节能方面，除了降低能源强度外，还要进一步控制能源消费总量。

在以往的能源战略中，减排目标主要针对二氧化硫、粉尘和氮氧化物等，没有明确包括CO_2，但真正能够影响能源结构的是CO_2排放。2009年11月，国务院首次发布了中国的减排目标，承诺到2020年，单位GDP的碳排放（即碳强度）在2005年的基础上下降40%—45%。碳强度计算的是，一国在一定时期内CO_2排放量与单位GDP的比，以吨二氧化碳/万元产值，或吨碳/万元产值来表示。碳强度指标既受能源效率影响，也受能源结构的影响，涉及能源质量问题，比如，清洁能源在能源结构中的比例等。与能源强度一样，碳强度也与经济增长相关。达到某个碳强度目标，可以通过减少碳排放、增加 GDP 或两者同时进行来实现。这与发达国家的碳减排有根本区别，发达国家的碳减排是绝对量的减排，而中国的碳减排是与 GDP 相关的相对量减排。

中国采用碳强度作为减排目标，是与我国经济发展的阶段性特征相适应的。中国目前处于城市化、工业化快速发展阶段，主要特征是经济增长速度快、能源需求增长快且具有刚性、能源结构以煤为主。降低能源强度，强调的是在一定的经济生产总量基础上，减少能源使用总量。但是，能源强度的降低，并不必然意味着碳排放强度的降低。原因在于，各种能源资源的碳排放系数不尽相同，即使能源利用效率提高，但如果更多、更集中地采用高排放的化石能源，如煤炭，带来的依旧是单位国内生产总值碳排放量的增加，而非降低。因此，如何完成中国的碳强度目标，既是能源总量和能源结构的问题，也是经济增长的问题。

（二）节能减排、能源战略调整与区域平衡

中国经济发展受到两方面约束：一方面是能源需求大幅度增长和能源资源有限性的约束；另一方面是环境容量的约束。中国未来的经济发展与能源结构战略，除了要符合自身经济发展的阶段性特征外，还将受到气候变暖和温室气体减排、环境污染治理的约束。

从中国的现实情况来看，提高经济竞争力和促进经济增长都需要有大量廉价能源作为支撑。中国能源禀赋特征加上煤炭的低价优势，使煤炭成为中国能源的主体结构。但是，煤炭带来的环境问题也是最大的，雾霾的一大诱因就是巨量的煤炭消费。据统计，世界上一半的煤炭在中国消耗，煤炭燃烧产生的二氧化硫、氮氧化物、烟尘排放分别占中国相应排放量的 86%、56%、74%。

因此，中国环境治理最重要的方面在于实现煤炭替代，减少

煤炭消费，这与减少 CO_2 排放目标是一致的。美国“到2025年温室气体排放较2005年整体下降26%—28%”的承诺，很大程度上也是基于其国内的页岩气能够大规模地替代煤炭。

积极推进能源结构改变，实际就是排放的自我约束，就是选择一个现阶段经济发展可以接受的能源结构和能源成本。任何积极的能源和环境政策都将有助于降低碳排放强度，但是，对于中国现阶段来讲，如果清洁煤技术不能大规模商业化推广，降低碳排放强度的关键，就是改变以煤为主的能源结构。对于某个假定能源结构而言，如果该假定能源结构中煤炭比例增加了，随着其所带来的碳排放量增加，其所带来的能源强度降低对于 CO_2 减排的影响就会大打折扣。

碳减排不同于节能，它采取的技术手段除了提高能源效率外，还需要进一步改善能源结构发展新能源和可再生能源或采取诸如碳收集和捕获技术等，因此经济成本更高，对经济发展的影响也较为负面。

此外，碳减排目标的约束对象存在着是针对能源消费端还是针对能源生产端的问题，这就意味着在分配减排任务时会存在较大的区域间利益冲突。由于目前中国的区域发展和资源禀赋存在较大不平衡，各地区的碳排放水平也呈现出较大差异，而且随着社会经济的发展，减排难度会越来越大，成本也会越来越高。因此必须把握中国省域碳排放的影响因素及演变趋势，在兼顾减排与社会经济发展的前提下，对减排任务进行合理的区域分配，并有针对性地出台相应的产业和能源政策，才能公平有效地以较低的社会经济成本实现减排的目标。

目前，西部地区的节能减排工作存在一些特殊的困难，但也有自身的优势，因而需要中央政府的政策支持。西部节能减排的困难主要来自国内高耗能产业由东部向西部的转移。由于经济发展的规律性，同时为了自身的经济增长，西部地区承接了高耗能产业的转移，原本就很大的节能减排压力也随之增加。

丰富的可再生能源是西部发展的优势。在节能减排的大背景下，资源丰富的西部省份通过大力发展可再生能源，带动产业发展，能源结构也趋于清洁化，从而实现减排，似乎是一条“光明大道”，但其中也存在困难。西部发展中，可再生能源发电的步伐迈得很大，尤其是大风电和太阳能项目。但西部省份本地区的市场有限，多余电量的市场出路在于长距离输电，否则就意味着设备闲置过剩。由于可再生能源发电的间歇性、不稳定性特点，其有效性还要考虑储能、备份的成本。并且当可再生能源发电的份额上升一定比例时，电网成本也将大幅度上升，可能超过发电成本。但目前缺乏政策来界定运输成本的分担。当前可再生能源发展基金只补贴发电侧，但对于西部清洁能源发电而言，发电端与最终消费端之间还有相当远的距离，因此，不考虑输配端成本分担是不合理的。因而需要解决成本分担问题，充分调动电网积极性，尽快解决并网问题。

在经济增长比较快的阶段，太阳能和风能发电不可能成为保障电力供应的主力。保障电力供应主要还是依靠稳定的常规能源。即使是西部，也还是主要依靠煤来满足能源需求的增量。太阳能、风能等清洁能源发电比例是一个逐渐提高的过程。根据发达国家经验，只有在电力需求相当稳定、供给充足的情况下，大规模地发展新能源来满足能源需求，才成为可能。

因此，针对东西部产业转移和产业结构差异的问题，国家在节能减排指标中，应该给西部更大的空间。现阶段经济增长和能源需求还是刚性的比例（东西部可能存在差异，但基本相似），没有能源支撑，就没有经济的进一步发展。节能指标的分配是一个困难的过程，现在的指标对西部是否合理，指标的落实和反馈情况如何，都要慎重考虑。对一个国家来说，总量控制是最重要的，但在固定的“十二五”节能减排指标的前提下，如何建立一个比较合理的分省指标体系，也值得深入研究。

从均衡发展的角度，经济发达地区要补偿资源、能源输出型省区和经济欠发达省区，应该是京津沪、东部沿海地区补偿中部、西北和西南地区。这样，就可以形成排放配额的稀缺性，并通过发达地区向欠发达地区或能源输出型省区购买配额来补贴这些地区，以促进这些地区的社会经济发展。

二　"十二五"期间内蒙古经济发展概况

改革开放三十多年来，内蒙古自治区经济社会发展取得长足进步，综合经济实力大幅提升，人民生活水平显著提高。特别是"十二五"期间，内蒙古牢牢把握住加快发展的主动权，促进区域经济平稳较快发展，推动经济社会逐步踏上科学发展、和谐发展、跨越发展的新轨道。虽然"十二五"中后期，在复杂多变的国际大环境下，我国经济进入了以"中高速、优结构、新动力、多挑战"为主要特征的新常态，内蒙古经济发展也呈现出新的变化趋势。但是，在经济结构深度调整中，经济运行缓中趋稳，发展潜能逐渐释放，发展质量和效益都有较大提升。

（一）内蒙古经济发展主要特点

近年来，宏观经济形势严峻复杂，经济下行压力持续加大，内蒙古经济在这种情形下保持了持续健康发展，可以说在同类型省份中"风景这边更好"。"十二五"时期的2010—2014年，地区生产总值年均增长11.08%，2014年达到17770.19亿元；人均地区生产总值年均增长10.68%，2014年达到71046亿元；地方财政收入年均增长14.57%，2014年达到1843.67亿元；全社会固定资产投资年均增长18.48%，2014年达到17591.83亿元；社会消费品零售总额年均增长13.71%，2014年达到5657.6亿元；规模以上工业增加值年均增长13.9%，2014年达到22108.19亿元；城乡居民收入分别年均增长9.02%和11.03%，2014年分别达到28349.64元和9976.3元，主要经济指标增幅高

于全国平均水平，好于周边省区。近年来，特别是2014年以来，内蒙古经济发展形势主要表现出以下特点：[①]

1. 内需动力保持平稳，投资支撑作用显著

虽然国内投资增长空间格局变化明显，自主投资增长力量较弱，化工、有色金属和装备制造业投资增速回落。但2014年，全区投资依然保持14.4%的高速增长，有力支撑了全区经济平稳运行。消费市场零售额增长趋快，2014年，社会消费品零售总额同比增长13.71%。2015年上半年，全区实现社会消费品零售总额2769.57亿元，同比增长7.3%，消费环境不断改善。虽然外贸形势复杂严峻，但受俄蒙双边贸易额降幅逐步收窄，半导体器件，铁、铜、锌矿砂，乳及奶油进口额大幅提高等因素影响，未来随着市场需求有望回暖，外贸形势有望出现好转。

2. 结构调整取得进展，动力活力明显增强

新型产业发展强劲，对工业增长的拉动作用不断增强，转型升级步伐加快。规模以上工业增加值2014年增长8.6%，2015年上半年增长8.2%。全区规模以上高新技术产业增加值同比增长21.4%，是规模以上工业增加值增速的2.6倍，对规模以上工业增长的贡献率达到了5.5%。从服务业结构看，以旅游业、信息产业、物流业、金融业等为代表的现代服务业增势良好。2015年上半年，全区实现旅游业总收入659亿元，同比增长24.1%；金融业实现增加值453.16亿元，同比增长15.3%，是第三产业增加值增速的2倍多。

3. 市场物价总体平稳，通胀压力有所缓解

经济增长持续回落减缓了物价上涨需求压力，全区物价呈“前低后高”态势，总体保持平稳。2014年，全区居民消费价格指数（CPI）同比上涨1.6%，2015年上半年CPI上涨0.2%，基

---

① 以下经济数据，力求使用最新数据。尽量使用2015年上半年数据，如无2015年数据，则使用2014年数据，或2013年数据。

本保持平稳。全区工业品出厂价格指数（PPI）跌幅逐步收窄，2014 年下降 2.7%。2015 年上半年下降 5.9%。虽然有节庆、季节性因素加大食品价格上涨压力影响，全区物价可能继续微幅上升，但已无较大的通胀压力。

4. **节能减排扎实推进，生态保育取得成效**

全区把节能排放作为调结构、转方式的重要抓手。2013 年，全区单位 GDP 能耗同比下降 4.72%，超过年度节能目标；全区累计完成节能量 554.19 万吨标准煤，完成全年节能任务。全区继续把生态保育作为最大的基础建设来抓。继续组织实施天然林保护、“三北”防护林、退耕还林、京津风沙源治理等国家林业重点工程。生态环境治理修复工程扎实推进。2014 年，共完成造林面积 559.25 千公顷，草原治理面积 2832.87 千公顷。

（二）产业结构特点及存在问题

近年来，市场倒逼机制助推了内蒙古工业转型升级。农副食品加工业、通用设备、交通运输设备制造业增势明显，助推工业结构调整步伐加快。电力、化工、冶金等工业逐渐回稳，有效增强了工业支撑力。服务业比重逐步提高，2014 年，全区服务业增加值同比增长 6.8%，交通运输、仓储和邮政业拉动作用明显，服务业增长保持平稳。农牧业基础稳固，到 2014 年，实现历史性“十连丰”；全区牲畜存栏实现“九连稳”。

1. **第一产业增幅明显、潜力巨大**

内蒙古横跨我国东中西部，是我国最大的农牧业生产基地。内蒙古第一产业发展特点主要表现为以下三个方面：一是从生产能力来看，内蒙古的农牧产量显著增高。从 2011 年到 2014 年，内蒙古自治区的粮食产量由 2011 年的 2387.5 万吨，增加到 2014 年的 2753.01 万吨，增加了 15%，增幅仅次于贵州和新疆，位居全国第三位，全区粮食总产量由全国的第十一位提升到第十位。到 2014 年，内蒙古的牧业得到飞速的发展，全区的奶牛存栏量、人均占有鲜奶量均位居全国第一位；以牛羊为主体的牛奶、羊肉、羊毛、羊绒等主要农畜产品的产量均居全国首位，分别占到全国总产量的21%、22%、30%、43%。二是从经济结构来看，内蒙古农牧业的产业结构更趋合理化。到2014年，大多数农作物种植面积已覆盖上产量高、质量优的高效作物。奶牛、玉米、绒山羊等有明显区域特色优势的农畜产品，已经以产业带的形式、产业化的方式大规模生产经营。三是从科技研发来看，农牧业科技水平显著提高。内蒙古自治区现有40余个与农牧业紧密相关的研究所和培育中心，加强了生态保护、合理利用和科学种植等方面的研究，积极培育适合内蒙古种植的甜菜、马铃薯、大豆、春小麦、向日葵等优良品种，不断改进肉类、奶类等畜牧产品加工业方面的先进技术。

2. 第二产业资源仍独大、非资源快速增长

工业作为第二产业，在经济中的比重达到50%以上，在内蒙古自治区的产业布局中有着重要的地位。内蒙古东部和西部盟市工业发展基本同步。2014年，西部盟市规模以上工业增加值增速达10.9%，东部盟市规模以上工业增加值增速达10.8%。虽然内蒙古工业在结构布局方面，不断地趋于合理化，但仍存在不少问题。从轻、重工业结构比例看，“十一五”及“十二五”期间，内蒙古轻工业由1506.72亿元增加为2013年的6951.61亿元，轻重工业比重由原来的1∶3，变为2013年的2∶5。虽然轻、重工业比例不断缩小，但全区经济发展仍是以重工业为主，轻工业有待进一步发展。

从主要工业产品产量看，内蒙古资源类产业仍然居于优势地位，产业发展对资源开发有很强的依赖性。2014年，全区原煤产量达99391.3万吨，增长0.3%；焦炭产量3445.9万吨，增长8.4%；天然气产量281.1亿立方米，增长3.9%；发电量达到3857.8亿千瓦时，增长8.2%，其中，风力发电量386.2亿千瓦时，增长3.6%；钢材产量为1763.2万吨，增长5.7%。内蒙古一煤独大的问题依然突出，煤炭行业占全区规模以上工业增加值的四分之一以上，占税收收入的四分之一以上，抵御风险能力弱的弊端逐步显现。

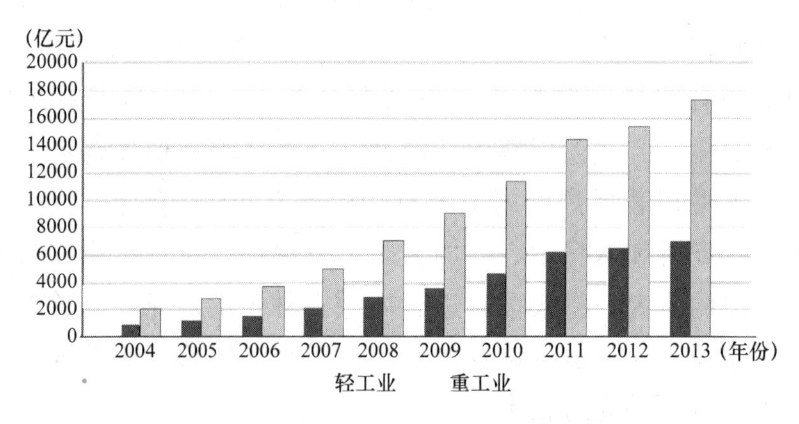

图 3—1 内蒙古轻、重工业比例变化

近年来，内蒙古加大了非资源类替代产业发展力度，新能源、蒙医药、新材料、洁净煤开发利用、装备制造业和生物技术等新兴产业表现出良好发展态势。从投资结构来看，从 2013 年到 2014 年，内蒙古能源工业投资所占比重由 49% 下降到 38%，而非资源型和新兴产业却由 48% 上升到 59%。从产值来看，据国家发改委发布的统计数据，全区非资源型产业产值占全区工业生产总值的比重在 2013 年已由过去的 17% 提高到 30%。2014 年，高新技术产业增加值增长 14.2%，装备制造业增加值增长 16.1%，战略性新兴产业增加值增长 15.7%。从技术研发来看，全区技术、工艺和设备处于国内外领先水平的有 30 多项，煤制二甲醚、煤制烯烃、煤制甲烷气和煤制乙二醇等五大示范工程取得突破性进展；粉煤灰提取氧化铝、太阳能热气流发电等关键技术也有所突破。

3. 第三产业快速增长，但比重下降

重点行业发展迅速，现代服务业粗具规模。2013 年，金融业实现增加值563亿元，增长10.3%。信息产业实现增加值163.17亿元，增长14.9%；物流业实现增加值892.37亿元，增长11.6%；文化产业实现增加值105.04亿元，增长15.6%。文化、体育和娱乐业实现增加值66.18亿元，增长11.1%。科学研究、技术服务和地质勘查业增幅7.4%，水利、环境和公共设施管理业增幅6.6%。另外，教育、卫生、文化、体育、社会保障和社会福利业和娱乐业等方面也繁荣发展。

虽然，以现代物流业、信息产业、金融业等为代表的现代服务业和新兴产业已处于快速发展阶段，但是产业发展基础仍然相对薄弱，以交通运输业、批发零售业和住宿餐饮业等为代表的传统服务行业仍是支撑内蒙古第三产业发展的主导力量。2013年，内蒙古批发和零售业增长9.1%，实现增加值1547.04亿元，其中社会消费品零售总额增长11.8%。产业发展仍体现粗放型特点，发展方式亟须进一步转变。

第三产业虽然在总量上有较大增长，但是在比重上却略有下降，第二产业仍然在经济中占据主导地位。图3—2展示了十多年来内蒙古三次产业比重变动趋势，从图3—2上可以看出，内蒙古三大产业占总产值的比重在十年中发生了较大变化。内蒙古

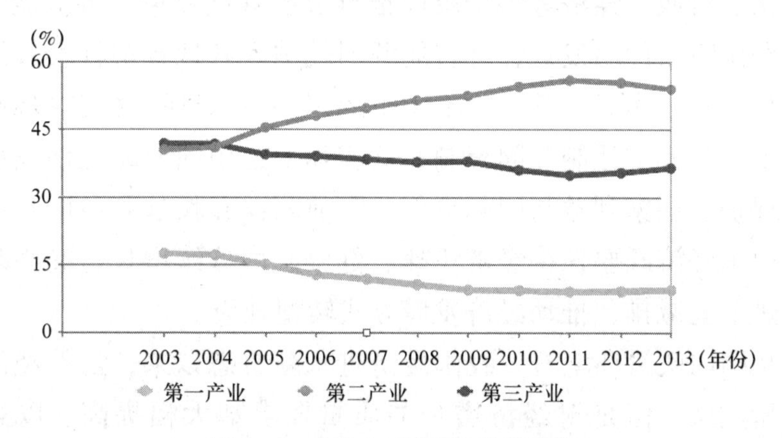

图3—2　内蒙古三次产业比重变化

自治区三次产业的比重由2005年的15.1∶45.4∶39.5调整为2014年的9.1∶51.9∶39。

（三）内蒙古产业发展面临严峻外部形势和巨大内部压力

1. 严峻外部形势

从国际形势看，节能减排的外部约束不断增强。国际社会对气候变暖的关注与日俱增，应对气候变化的国际合作逐渐加强。《京都议定书》以及之后的《哥本哈根议定书》《联合国气候变化框架公约》，特别是2015年刚刚签订的《巴黎协定》成为全人类联合遏制气候变暖的重要努力。政府间气候变化专门委员会（简称为IPCC）四次研究报告表明，人为因素是导致气候变化的主因，节能减排是从源头上减缓气候变化的科学性和可行性措施。节能减排成为治理气候问题的重要举措，各国对各自在节能减排上承担的责任做出庄严承诺。这对本国经济发展和节能减排实际上形成强有力的硬约束。

从中国发展情况看，目前中国处于工业化的关键期，一方面加快发展工业需要消耗大量的能源，另一方面又要节能减排、保护环境。中国政府已经把应对气候变化纳入了国家的发展战略，在立法、行政、经济等多个层面推行节能减排政策，将节能减排列为制定政策的出发点，并将能源消耗纳入各地经济社会发展综合评价和年度考核，实行单位国内生产总值能耗指标公报制度，实施节能目标责任制和问责制。这实际上是中国兼顾经济发展与环境保护、国家利益与国际责任、眼前利益和长远利益的具体体现。中国经济既要保持经济快速、健康、可持续增长，又必须积极推进节能减排，推动经济发展方式转型升级。

从国内政策环境看，我国经济进入新常态以来，虽然经济增速有所放缓，但是对经济增长的质量要求却大幅提高。以高投入、高消耗、高污染带动高增长的传统发展方式很可能已经成为历史，“创新、协调、绿色、开放、共享”的发展理念要求在更高水平上推动经济发展，经济社会发展正在进入高效率、低成本、可持续的“新常态”。近年来，国家制定出台《循环经济行动计划》《大气污染防治行动计划》等一系列政策文件，强化了对能源、环境的硬约束。

2. 巨大内部压力

近年来，虽然随着国家全面深化改革，抓投资、扩消费、减税降费等一系列稳增长政策措施陆续落地，内蒙古经济发展潜力将进一步释放。但传统行业增长动力明显减弱，内部结构性矛盾依然突出，新兴动力尚处孕育时期，市场、企业经营环境及内需提质扩容等方面尚存较大压力，经济实现持续上行难度较大。

压力一：源自市场需求收缩。在能源需求结构变化显著、能源需求总量持续缩减，新的市场平衡尚未形成背景下，全区主要工业品市场空间渐趋狭窄，主要工业价格持续走低，全区工业品出厂价格指数连续3年多负增长，极大制约了工业品产销上升空间，对全区经济回稳形成较大压力。

压力二：源自企业经营困境。在市场需求持续放缓、主要工业品产品价格回落背景下，企业盈利能力和货款回笼速度大幅降低，资金紧张、增本减利压力成为制约企业生产经营的重要瓶颈。另外，受企业产品订单不足、产能未充分释放、技术创新短期难提升等因素影响，企业规模效益持续下降，单位成本加快上升。

压力三：源自投资后劲乏力。项目审批效率有待提升、资金保障难度大，投资增长后劲仍显不足。调查显示，传统优势产业项目审批流程仍存在土地、环评等审批难，简政放权后地方配套政策不协调、行政审批内容存在互为前置等问题；新兴产业项目审批环节存在“不匹配”“不联动”“有空白”等痛点，审批时间延长，影响了投资建设进度，也使企业错失市场机遇。资金保障方面，受经济下行、企业经营困境加剧等因素影响，银行信贷支持能力降低，使得投资到位资金中的国内贷款规模大幅缩减。

压力四：源自消费规模扩容困难。2014年以来，受经济增速减缓、企业盈利水平降低等因素影响，全区居民收入增势开始放缓。居民购买力削弱，消费意愿下降制约消费规模扩大。当前，全区消费正处于动力转换、青黄不接时期，原有汽车、石油及制品、住房等热点消费增长受到制约，信息、养老、文体等新兴消费领域消费需求仍待挖掘，使全区消费需求呈现趋势性回落，消费对经济增长的支撑力明显不足。

3. 对内蒙古产业发展的影响

内蒙古是能源生产大省区，也是能源消费大省区。内蒙古依托资源优势形成的优势产业，一方面，成为保持内蒙古经济高速增长的主导产业；另一方面，也成为消耗能源、污染环境的主体。

国际国内节能减排约束性不断增强，产业本身特别是资源型产业面临巨大发展压力，都对内蒙古产业发展提出更高的要求。在资源和环境约束日益趋紧的情况下，内蒙古的发展不仅要求速度，更要求质量，要用最小的资源消耗、最低的环境代价来换取尽可能高的经济发展，并让尽可能多的人享受到发展的成果。

在节能减排硬约束下，未来内蒙古的经济发展既要依托资源优势，又不能依赖资源优势。内蒙古在产业选择、增长方式、增长动力等方面，都要有根本性的转型：必须优化调整工业结构，发展非资源性产业，加快转变经济发展方式；必须改革体制机制，强化科技创新，增强经济增长的新动力；必须大力发展循环经济，逐步形成以此为基础的新的经济发展模式。

三　内蒙古能源结构现状及变化趋势

资源型产业是内蒙古自治区的主导产业，是内蒙古经济高速增长的支柱，工业利润的主要源泉，也是地区形象和影响力的支撑。近年来内蒙古通过资源开发转化利用，经济增速十多年来领跑全国，创造了引发众多学者关注的“内蒙古现象”。但是，在多年来能源优势转化为经济增长优势的过程中，内蒙古产业结构单一的问题日渐突出，资源型产业呈现出“高投入、高消耗、高污染、低效益”的典型粗放式“三高一低”特征。能源消费结构也呈现出很大不均衡性，“一煤独大”并且以化石能源为主的能源消费结构，使内蒙古面临越来越大的气候环境压力，严重影响地区产业均衡分布和产业转型，同时给内蒙古经济社会发展、生态环境保护带来诸多不利影响。资源型产业转型升级不仅影响着自身的发展和壮大，也与内蒙古经济可持续发展息息相关。

（一）内蒙古能源产业自然基础

1. 传统能源

内蒙古含煤面积达10万平方公里，全区101个旗县市区中，有67个旗县储有煤炭资源，累计探明储量占全国探明储量的22%，仅次于山西省，居全国第二位，远景储量在1万亿吨以上，仅次于新疆，居全国第二位。全区100亿吨以上的特大型煤田有5处，10亿—100亿吨的大型煤田有11处。另外，内蒙古天然气、石油资源都非常丰富。内蒙古已探明天然气地质储量10013.95亿立方米，技术可采储量5798.26亿立方米，石油储量多达40亿吨以上。

2. 新型能源

国家实施西部大开发和振兴东北等老工业基地战略以来，内蒙古经济持续快速发展，能源基地建设速度不断加快。煤炭产量由2000年的不足1亿吨提高到2014年的9.08亿吨，居全国第二位；发电装机由2000年的不足1000万千瓦提高到目前的突破亿千瓦。风电装机容量已达到1848.86万千瓦，居全国第一位。内蒙古正在成为国家新型绿色清洁能源基地。

内蒙古风能具有分布范围广、稳定性高、连续性好等优点，风能总储量为8.59亿千瓦，约占全国的21.4%；技术可开发量达1.5亿千瓦，约占全国的50%。

内蒙古太阳能资源也很丰富，总辐射量在每平方米4800—6400兆焦耳，年日照时数为2600—3200小时。其中巴彦淖尔及阿拉善盟系全国高植区。太阳能总辐射量高达每平方米6490—6992兆焦耳，仅次于青藏高原，处于全国第二位。

（二）主要能源产业基本情况

1. 煤炭工业

重点煤炭产业区有呼伦贝尔煤炭基地、霍白平煤炭基地、胜利煤炭基地、准格尔煤炭基地、东胜和万利煤炭基地、乌海焦煤基地、古拉本出口煤基地、胜利一号露天煤矿、白音华二号露天煤矿、白音华煤田露天煤矿等。其中准格尔煤田储量253亿吨，锡林郭勒胜利煤田214亿吨，呼伦贝尔煤田215亿吨，东胜煤田736亿吨。目前，内蒙古共有各类煤矿600多家，形成乌达、海勃湾、包头、平庄、大雁、扎赉诺尔、霍林河、伊敏、准格尔、神东10个国有重点煤炭生产矿区以及胜利、白音华、宝日希勒、万利4个国家重点建设矿区。目前，内蒙古已经形成了“煤、电、化工建材”“煤、电、冶金”等产业链，煤炭产业链转化率不断提高，逐步由资源生产型向能源重化工型、循环经济型的战略转型。

2. 电力工业

近年来，在国家一系列支持洁净能源发展的政策推动下，内蒙古电力能源产业得到快速发展。2014年，内蒙古全区总发电量3857.8亿千瓦时以上，外送电量接近1460亿千瓦时，占全国跨省外送电量的18.4%，位居全国第一。内蒙古蒙西电网现已形成了以500千伏为主干网架的电网结构，并与华北电网相连；蒙东电网与东北电网相连，全区共有8条向华北、东北电网送电的500千伏输电通道，电力输送能力2000万千瓦。内蒙古风力发电快速发展，2014年，风电并网发电装机容量1848.86万千瓦，占全国风电装机容量的三分之一，风力发电量386.2亿千瓦时，占全国风力发电量的三分之一强，均位居全国第一。太阳能利用也开始起步，目前已投产太阳能发电280万千瓦。

3. 石油天然气

鄂尔多斯盆地在内蒙古境内的气田主要有乌审气田、大牛地气田、苏里格气田，其中苏里格气田和乌审气田列入我国5个储量超千亿方的大气田之列，苏里格气田储量规模达到5000亿立方米，是特大型气田，并列入世界知名气田之列。随着勘探开发力度加大，全区境内天然气资源储量将进一步增加。内蒙古探明的石油储量达7亿吨，远景储量为40亿吨以上，内蒙古已经是我国矿产资源的战略接续基地。

（三）主要产业能源消费情况

内蒙古是中国的重要能源基地，不仅在煤炭、石油、天然气方面储量丰富，而且开发、利用风能、太阳能和其他新能源的前景也十分广阔。然而多年来，在如此丰富多样的能源构成下，内蒙古能源消费方面的结构性矛盾依然突出。内蒙古能源消费构成主要以煤炭、石油、天然气等石化能源为主。煤炭的消费比重占绝对地位，2001—2014年间，煤炭在能源消费总量中的占比最高达到96.71%，最低也在86.36%。

从内蒙古分行业能源消费情况分析，内蒙古作为新兴工业区，经济发展主要依靠第二产业的发展来带动，而第二产业高耗能产业居多。根据统计局的统计数据，内蒙古工业能源消费一直是能源消费“大户”，1990年工业能源消费占能源消费总量的56.47%，2005年达到71.76%，2010年和2011年随着节能政策的颁布与实施，工业能源消费占能源消费总量的比重有下降趋势，2010年为68.38%，2011年为69.16%。到2014年，工业能源消费占能源消费比重下降到59.4%。工业能源消费的主要地位一直没有改观。其他产业能源消费量依次为：生活能源消费量居第二位，占能源消费总量的9.4%左右，交通运输、仓储及邮电通信业占到7.2%，批发、零售业和住宿餐饮业占4.3%左右，建筑业及农、林、牧、渔等其他能源消费所占比例较小，对能源依赖度也相对比较小。

从工业内部各行业耗能情况看，煤炭开采和洗选业、石油加工炼焦和核燃料加工业、化学原料和化学制品制造业、非金属矿物制品业、黑色金属冶炼和压延加工业、有色金属冶炼和压延加工业、电力热力生产和供应业七大类行业能源消耗最为显著。从最新获得的2015年上半年数据来看，七大高耗能行业耗能占全区规模以上工业企业耗能的比重达到94.7%，其中，电力、热力生产和供应业居耗能产业首位，所占比重达到35.7%。化学原料和化学制品制造业次之，所占比重达到20.3%。黑色金属冶炼和压延加工业再次，所占比重达到14.3%。

表3—1　　2015年上半年全区七大高耗能行业综合能源消费情况

重点行业	综合能源消费量（万吨标准煤）	同比增长（%）	占比（%）	拉动（百分点）
全区规模以上工业企业	7153.49	-0.8	100.0	-0.8
七大高耗能行业	6774.83	-0.7	94.7	-0.7
煤炭开采和洗选业	322.25	-13.2	4.5	-0.7
石油加工、炼焦和核燃料加工业	504.53	-2.0	7.1	-0.1
化学原料和化学制品制造业	1455.24	0.9	20.3	0.2
非金属矿物制品业	214.19	-15.7	3.0	-0.6
黑色金属冶炼和压延加工业	1020.64	5.1	14.3	0.7
有色金属冶炼和压延加工业	704.20	33.1	9.8	2.4
电力、热力生产和供应业	2553.78	-6.8	35.7	-2.6

（四）能源生产和能源消费的比较

从能源生产和能源消费比例上看，内蒙古煤炭生产和消费量分别由1985年的0.2028亿吨标准煤和0.1871亿吨标准煤增长到了2014年的9.1亿吨标准煤和约10亿吨标准煤。内蒙古能源生产和消费以煤炭为主，在各种能源消费量中煤炭占比一直保持在90%左右。从上述数据关系可以看出，内蒙古能源产量增幅明显高于经济增长，同时能源消费量的增幅低于经济增长。而从数据也可以发现内蒙古能源生产用于本区“自用”的仅占能源总产量的44%，生产的大部分煤炭用于向全国其他省份供应。

表3—2　　内蒙古能源生产、消费构成　　（单位：%）

年份	能源生产力构成				能源消费构成			
	原煤	原油	天然气	水电、核电和其他能发电	原煤	原油	天然气	水电、核电和其他能发电
2009	92.87	0.67	4.84	1.62	86.36	9.10	3.37	1.17
2010	92.35	0.53	5.42	1.65	66.60	8.96	3.02	1.42
2011	92.50	0.49	5.55	1.47	87.08	9.15	2.34	1.43
2012	92.44	0.44	5.38	1.73	87.59	8.36	2.30	1.75
2013	91.58	0.44	5.78	2.20	87.63	7.74	2.46	2.17

数据来源：内蒙古自治区统计局。

四　内蒙古节能减排基本情况及能源生产和消费对节能减排的重要影响

（一）内蒙古节能减排基本情况及存在问题

近年来，内蒙古党委和政府深入贯彻党中央、国务院的决策部署，高度重视、不断加强生态文明和环境保护工作，王君书记和巴特尔主席都对节能减排、污染防治、生态建设等工作提出明确要求，切实把节能减排作为调整经济结构、转变发展方式、推动科学发展的重要抓手，采取一系列政策措施，推动节能减排工作取得积极进展。2014年，全区万元生产总值能耗超额完成年度下降目标和“十二五”进度目标，万元工业增加值能耗同比下降7.4%。全年规模以上工业综合能源消费量同比增长1.9%，其中七大高耗能行业综合能源消费量同比增长2.2%。主要耗能工业企业吨原煤生产综合能耗同比下降1.9%，电厂火力发电标准煤耗同比下降0.9%，炼焦工序单位能耗同比下降1.4%，单位电石生产综合能耗同比下降0.5%，吨水泥综合能耗同比下降14.4%，吨钢综合能耗同比下降1.5%。2014年，全区二氧化硫、化学需氧量、氨氮、氮氧化物排放总量分别累计减少3.41%、1.8%、3.44%、8.66%，四项主要污染物减排指标实现四降。

但是，在内蒙古节能减排中仍然存在不少突出问题深刻影响着节能减排的进一步推进。核心问题在于：

1. 产业结构重型化惯性发展，结构节能难度很大。在内蒙古工业总产值中，内蒙古重工业和轻工业比重大体为2∶1。内蒙古六大优势特色产业分别为冶金建材行业、化工行业、农畜产品加工行业、机械装备制造业、高新技术行业、能源行业。目前，内蒙古西部地区以呼、包、鄂为核心形成了能源重化工、稀土高新技术、冶金、装备制造和农畜产品加工业为主的产业集聚区。东部地区依托呼伦贝尔、霍（林河）白（音华）胜（利）、赤峰等资源富集地区，形成了能源化工、有色金属冶炼加工、农畜产品加工等主导产业。按照内蒙古在全国的产业发展定位，“十三五”期间，能源重化工产业仍是内蒙古产业发展重点。能源消耗和污染物排放总量还将增长，在继续削减存量的同时，需要不断消化增量，完成节能减排目标的难度明显增加。

2. 能源结构高碳化特征显著，减排空间较小。一方面，内蒙古是国家能源供应大区，另一方面也是能源消费大区，由于资源禀赋的制约，1978年以来，内蒙古能源生产和消费结构中，煤炭始终占绝对优势，即使煤炭生产比重最低的2010年，也超出92%。2005年以来，煤炭占能源消费量的比重均在86%以上，水电、核电和其他能发电等非化石能源（零碳能源）比重不足2%。煤炭属于高碳能源，平均碳排放系数在各类能源品种中最高，约为2.7412吨二氧化碳/吨标准煤，超出石油和天然气约28%和68%，非化石能源属于零碳能源，碳排放系数为零，因此，优化能源结构，提升低碳能源和非化石能源比重，发挥CO_2等温室气体与主要污染物减排的协同效应，成为内蒙古“十三五”节能减排的重要方向。表3—3估算了由于能源消费结构的优化所带来的环境效益。由表可见，通过能源结构改善，每年可以减少198万吨二氧化硫排放，3788万吨碳的CO_2排放。

表3—3　**全国能源结构优化带来的环境效益估算**

		二氧化硫排放量（吨—SO_2）	CO_2排放量（吨—碳）
石油代煤	石油排放系数	0.014	0.5825
	煤炭排放系数	0.0255	0.7476
	代煤量	10424	10424
	小计	120	1721
石油节煤	煤炭排放系数	0.0255	0.7476
	节煤量	2397	2397
	小计	61	1792
天然气代煤	天然气排放系数	0.0002	0.4435
	煤炭排放系数	0.0255	0.7476
	代煤量	521	521
	小计	13	158
天然气节煤	煤炭排放系数	0.0255	0.7476
	节煤量	156	156
	小计	4	117
总计（万吨）		198	3788

3. 单位地区产值能耗较高，能源生产力水平较低。从单位地区产值能耗分析，内蒙古单位地区产值能耗由2005年的2.48吨标准煤/万元（GDP按照2005年价格计算，下同），下降到2013年的1.687吨标准煤/万元，下降31.96个百分点。根据单位地区产值能耗的省级行政单位间比较，内蒙古显然属于单位GDP能耗较高的省区，能源生产力和利用效率较低。2013年内蒙古单位地区产值能耗在全国大陆30个省区市（不含西藏）位居第七位，为全国平均水平的1.79倍（GDP按照2005年价格计算），各盟市单位GDP能耗也远高于全国平均水平、世界主要经济体和世界平均水平。2012年，12个盟市中鄂尔多斯单位地区产值能耗为0.95吨标准煤/万元，在12个盟市中最低，为全国平均水平的1.2倍，乌海市单位地区产值能耗在12个盟市中最高，为3.397吨标准煤/万元，为全国平均水平的4.4倍。单位地区产值能耗较高原因是全社会能源消费主要集中在工业部门，特别是主导行业中炼焦、化工、建材、冶炼、电力等都是高耗能行业，产业链条短，产品附加值较低。因此，各盟市均需大力延伸产业链，从而提升产品附加值，增强能源生产力。

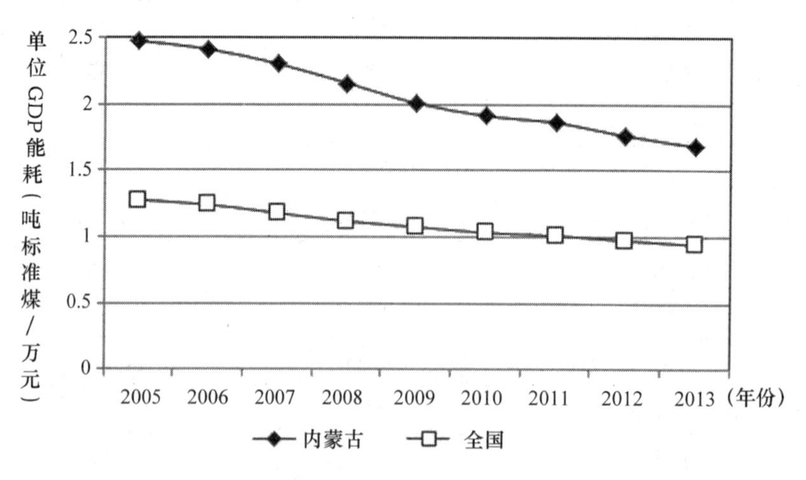

图3—3 内蒙古单位GDP能耗（2005—2013年）
（GDP按照2005年价格计算）

（二）内蒙古能源生产消费与节能减排的关系

虽然，从全国发展来看，经济结构调整、发展方式转型都在有力地推动着资源能源节约和环境保护；从内蒙古自身发展情况看，“一煤独大”并且以化石能源为主的低质能源消费结构令内蒙古在可持续发展的各个领域付出了较大代价。但是，结构调整和发展方式转型不是一蹴而就的，而是需要一个长期的历史过程。国家的经济发展仍然存在大量能源资源需求，内蒙古作为能源资源大区，也有责任为经济发展提供较为充足的能源保障。

1. 能源生产消费对节能减排产生较大影响

一是对全区气候、环境造成严重影响。经济发展必定要消费能源，能源消费又必定会排放 CO_2、二氧化硫和降尘等大气污染物质。在这个意义上，经济发展就是将能源转化成废物的过程，将能源从有用形态转化成无用形态的过程。内蒙古产业结构单一，第二产业中的高载能行业对能源的依存度很高，近年来大气污染物排放量和环境风险持续增加。环境容量和资源承载能力的不足，使得地区污染物总量控制与经济发展矛盾日益突出。2014年，内蒙古工业二氧化硫排放量为 131.24 万吨，仅次于山东、河北。氮氧化物排放量进入超过 100 万吨的八省份之一，2014 年排放量为 125.83 万吨。而 CO_2、二氧化硫排放与产生的烟尘、粉尘等，是造成大气污染的直接原因。自 2000 年起，自治区工业进入快速发展时期，能源消耗和废气排放量也呈现出快速增加的态势。数据资料显示，在 2014 年，内蒙古高能耗、高污染行业生产总值占 GDP（或工业产值）的 41%，而消耗的能源是 94%，二氧化硫排放量 88.9%。影响二氧化硫排放量第一位的工业行业就是电力、热力生产和供应业，单纯以火力发电产生的废气污染物排放就相当可观。到 2014 年底，内蒙古火力发电装机容量 6703.3 万千瓦，是全国火电装机容量的 7.76%，在全国各省（区、市）排名第三位。在目前这种严重依赖煤炭、粗放式能源开发利用模式下，自治区许多工业开发密集区域主要污染物排放量接近或超出环境承载能力，对地区可持续发展十分不利。

二是对能源消耗影响很大，能耗高、资源浪费严重。近年来，自治区能源转化和节能减排工作取得了良好的效果。单位GDP能耗从2005年每万元生产总值消耗2.48吨标准煤下降到了2014年的1.22吨标准煤。能源产业的发展方式先后经历了从煤到电、再到重化工业的转变，产业链条有所延伸，能源综合利用水平有所提高，但是与全国平均水平相比仍有较大的差距。2014年，中国平均每万元GDP能耗为0.67吨标准煤，内蒙古每万元GDP能耗是全国平均水平的1.8倍，是能耗较低的北京的1.4倍，广东的2.5倍和上海的2.4倍。自治区煤炭消费一部分用于火力发电，一部分却以原煤的形式直接消耗掉了。以2012年的数据为例，内蒙古煤炭消费总量为36620.49万吨，终端消费7311.58万吨，其中工业消费2943.17万吨，中间消费29308.91万吨。中间消费中，发电20261.65万吨，供热2252.21万吨，炼焦3831.50万吨，用于较为洁净的煤气化工业方面却极少，仅为8.72万吨。同时，内蒙古煤炭开采集约化程度低也是一个长期存在的事实。过去几年，内蒙古煤矿开采秩序混乱，“吃肥丢瘦”“穿山打洞”的开采方式严重。2004年以前，内蒙古90%的小煤矿采用非正规采煤技术，资源回采率仅为15%—30%，资源浪费严重。虽然近几年内蒙古依靠技术创新，提高集约化开采方式，关停了很多中型、小型煤矿，煤矿整合之后，回采率逐步提高到了60%—70%，但与发达国家和地区相比，仍处于较低的水平。

三是给资源富集地区可持续发展带来不利影响。内蒙古作为资源富集地区和消费大省，依照当前能源产业的发展形势，尤其是这种靠大量消耗化石能源拉动经济的增长模式，未来本地区土壤、水资源、交通和环境气候承载空间必将面临更大的压力，存在陷入“资源陷阱”的巨大风险。一方面，产业结构单一阻碍经济可持续发展。内蒙古经济增长主要是依靠第二产业的投资拉动，第二产业占 GDP 总量高于 50%，2011 年和 2012 年均超过 55%。内蒙古六大优势特色产业（能源、冶金、化工、农畜产品加工业、装备制造、高新技术产业）发展程度不均衡。其中，能源产业独占鳌头，占到工业增加值的 37%。而能源产业中，原煤占能源生产和消费的比重一直在 80% 至 90%。内蒙古工业发展总体上处于产业链的中低端，产业结构单一，不利于地区经济可持续发展。另一方面，仅靠能源投资拉动，经济发展动力不足。内蒙古近年来的经济高增长很大程度上得益于中国的工业发展阶段，得益于我国重化工业发展对能源的大量需求。这种经济增长主要是由大量的能源投资拉动的，从长期来看是很难维持的。2012 年仅投资就占据了 GDP 的四分之三，而对能源投资又占据了绝大部分。在拉动内蒙古经济增长的投资、出口和消费“三驾马车”中，存在消费疲软和过度偏重投资的问题。三次产业梯次中，有过度依赖和消耗化石能源、第三产业长期比重过低的问题。化石能源和资源是不可再生的，随着能源的耗尽，这样的经济增长模式将出现动力不足，自治区经济发展的持续性将会受到阻碍。

2. 国家经济发展又需要能源生产作为保障

改革开放以来，随着经济的高速发展，我国的能源消费总量也在不断增加。根据 1978—2012 年的相关数据显示，我国的能源消费一直伴随经济的增长而呈现快速增长的趋势（如图 3—4 所示，其中 GDP 代表国内生产总值，单位是亿元人民币；E 代表能源消费总量，单位是万吨标准煤）。其能源消费从 1978 年的 57144 万吨标准煤，增加到了 2012 年的 361732 万吨标准煤，增加了 6 倍之多，年均增长率达到 9.08%。从图 3—4 可以看出，我国能源消费与生产总值的变化趋势基本一致，呈逐年上升的态势。从图 3—5 可以看到，除了 2003 年和 2004 年，各年 GDP 的增长速度都高于能源消费的速度。随着节能减排政策的实施以及产业结构的调整、低碳技术的推广，我国能源消费在短期内不会有太大的波动，而从长期来看，其增长速度将有所降低。

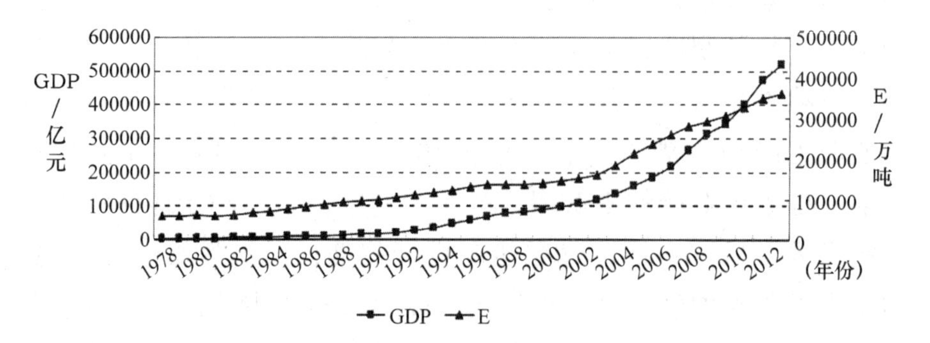

图 3—4 我国 1978—2012 年能源消费总量与生产总值

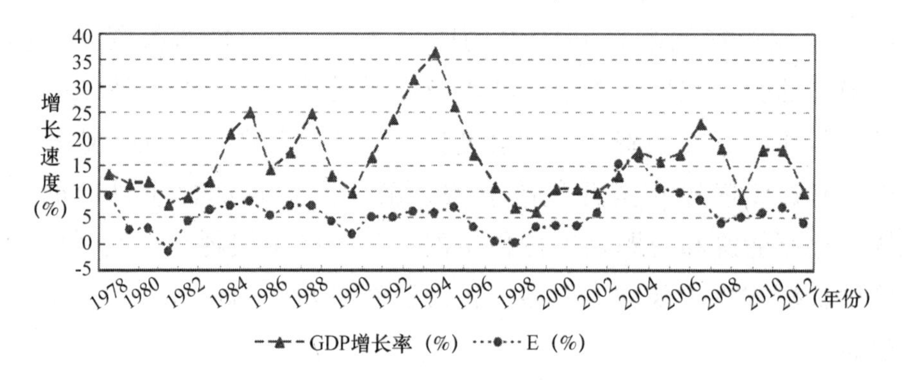

图 3—5 我国 1978—2012 年能源消费增长速度与经济增长速度

从能源消费结构（见图 3—6）来看，在 1978—2012 年期间，我国能源消费结构中煤炭所占的比例是呈下降趋势的，石油、天然气、可再生能源等在能源消费总量中所占的比例有所上升，但煤炭消费仍是主要的能源消费。

我国一直以来都是世界上主要的能源消费大国，与国际上其他主要的能源消费国相比，中国的能源消费无论是在总量、占世界能源消费的比重还是在增长速度上都是比较大的。根据 2015 年 BP 世界能源统计，我国的能源消费总量从 2004 年的 15.73 亿吨油当量增加到 2014 年的 29.72 亿吨油当量，占世界能源消费总量的23%，十年间增长89%，并且在2009年一举成为世界上最大的能源消费国（如表3—4所示）。

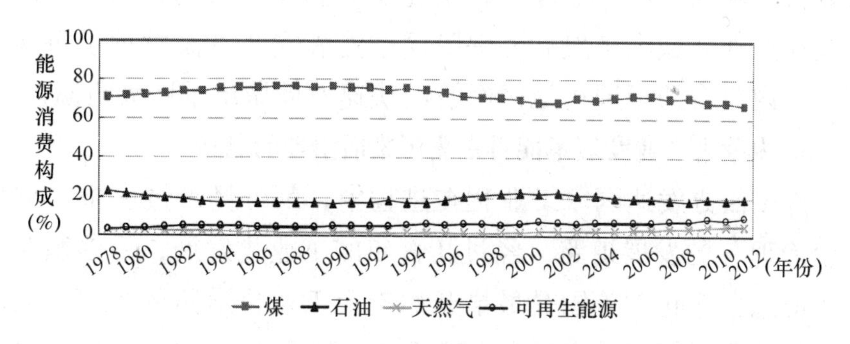

图3—6　我国能源消费结构变化情况

表3—4　我国能源消费情况的国际比较　（单位：百万吨油当量）

年份	中国	美国	俄罗斯	日本	印度	德国	加拿大	法国	世界
2004	1573.1	2349.1	649.5	525.1	345.1	336.8	315.9	263.7	10556.6
2005	1791.4	2351.5	648.3	529.8	366.8	332.3	324.2	262.1	10919.6
2006	1961.5	2333.1	676.0	528.5	390.0	340.7	321.6	260.9	11233.7
2007	2133.7	2371.7	680.5	525.1	420.3	325.6	327.4	257.2	11580.6
2008	2213.3	2320.1	683.8	519.2	446.7	326.9	326.7	257.9	11732.9
2009	2312.5	2205.9	648.0	476.1	484.2	307.8	311.3	244.5	11547.5
2010	2471.2	2284.9	674.3	505.4	510.0	323.0	315.9	252.8	12110.8
2011	2679.7	2265.4	696.2	479.9	536.6	309.8	328.5	244.0	12408.3
2012	2794.5	2209.3	696.3	474.0	573.7	317.5	327.2	244.5	12586.1
2013	2898.1	2270.5	689.9	470.1	595.7	325.8	334.3	247.2	12807.1
2014	2972.1	2298.7	681.9	456.1	637.8	311.0	332.7	237.5	12928.4

数据来源：《BP世界能源统计年鉴2015》。

内蒙古是能源生产大区，特别是煤炭资源非常丰富，无论是探明储量还是远景储量都在全国排在第二位，在国家能源生产和供应中，占有举足轻重的重要地位。经济发展离不开能源产业的发展，内蒙古能源产业发展应该为国家能源保障做出贡献。近年来，内蒙古能源产业发展依托煤炭，在风能、太阳能等新能源领域取得了较为突出的成绩。在快速发展和变革时期，内蒙古能源产业在推动区域经济发展和保障国家能源安全方面发挥了重要作用，为内蒙古乃至周边地区经济的快速发展做出了巨大贡献。

3. 内蒙古产业发展不能再走先污染后治理的老路

许多西方发达国家工业化在进程中，都曾经走过一条“先污染后治理”的发展道路。经过几百年的工业化发展，许多国家生态环境急剧恶化。英国是最早开始走上工业化道路的国家，伦敦在很长一段时期是著名的“雾都”。1930 年，比利时爆发了世人瞩目的马斯河谷烟雾事件。20 世纪 60 年代，美国著名海洋生物学家蕾切尔·卡逊指出：如果不加强环境保护，人类将迎来“寂静的春天”。自 20 世纪 70 年代开始，西方发达国家中越来越多的民众意识到环保问题的重要性，开展了如火如荼的环保运动。与此同时，政府也加大了环境治理力度，这些发达国家的环境逐渐好转。

从内蒙古自身发展阶段上看，当前，内蒙古处于资源型地区开发建设、迅速发展阶段。经济发展中，存在发展方式粗放，过分依赖煤炭等资源开发，造成产业结构单一、生态环境恶化、资源浪费严重、生产事故频发等诸多矛盾和问题。1971 年卢卡斯提出单一工业资源型城镇发展的四阶段理论，即资源型地区的发展应经历开发建设时期、增加雇用工人（迅速发展）时期、过渡时期、成熟时期四个阶段。按照资源型地区的发展规律，上述这些矛盾和问题正是资源型地区发展初级阶段的主要特征。

从区域产业发展规律看，当前，随着国际国内产业分工深刻调整，我国东部沿海地区产业向中西部地区转移步伐加快。原来东部地区一些高耗能、高污染产业也正在从东部地区有序退出，向其他地区转移。内蒙古地区资源丰富、要素成本低、市场潜力大，是承接产业转移的重要区域。承接产业转移既有利于促进经济发展，推动产业结构优化调整，也让内蒙古陷入两难的尴尬境地：产业转移可能带来某些高耗能、高污染产业，很容易让内蒙古重蹈“先污染后治理”的覆辙。

“先污染后治理”并非不可逾越。美国环境经济学家格罗斯曼和克鲁格就此提出了环境库兹涅茨曲线假说，即环境污染与经济发展之间存在一种倒U形曲线关系：在某一地区，随着经济发展水平（人均GDP）不断提高，一个阶段环境污染会加剧；达到污染拐点后，环境质量才会好转。在很长一段时期，我国一些地方把经济发展和环境保护割裂开来，为此付出了巨大的生态环境代价。在内蒙古的发展中，必须正视这一现实问题，从中吸取教训，牢固树立生态系统整体性理念，克服“先污染后治理”的错误观念，不断延伸能源产业链，促进能源产业结构多元化，痛下决心，坚决禁止输入“灰色经济”和“黑色经济”，加快产业发展格局从最初单纯的能源资源开采到能源加工、从单一的传统能源产业向传统能源与新能源产业发展并重的格局转换，尽量减轻对环境的污染和破坏。

五　内蒙古节能减排改进措施

“十三五”时期，内蒙古节能减排任务仍然十分艰巨，核心在于进一步推动供给侧结构性改革，优化经济结构，转变粗放型发展方式，增强区域创新发展动力，夯实节能减排的体制性、结构性基础。具体改进措施应该包含以下方面：

（一）继续加大结构调整力度

一是将继续坚持高起点、高水准地引进一批资源开发及延伸加工项目，加快发展能耗少、贡献大的高新技术产业和第三产业，提高服务业在国民经济中的比重，提高非资源性产业所占工业的比重，逐步使产业结构向低能耗、高技术和高水平方向发展。二是要进一步加快淘汰高耗能、高污染、低效益的落后产能。通过大力调整工业内部结构，提高高新技术产业在工业中的比重，培育和发展高新技术产业和装备制造业以及其他非资源型产业，以提高延伸产业链、扩大深加工、增加高附加值低耗能产品的比重。三是提高项目准入门槛，严格控制高耗能高污染项目审批和建设。停止审批和建设单一铁合金、电石、电解铝、钢铁、焦炭、造纸、玻璃、玉米燃料酒精和没有深加工内容的褐煤等高耗能项目。抓紧建立新开工项目的部门联动机制和项目审批问责制，严格执行项目开工建设“六项必要条件”，建立高耗能行业新上项目与地方节能减排目标相结合、与淘汰落后产能完成进度挂钩的机制。认真清理在建项目，对不符合国家产业政策的在建项目一律停止建设。

（二）切实降低单位产品能耗

采取扩大差别电价和发电权交易等一系列政策，抑制高耗能产业的扩张。同时实行限量生产高耗能产品，制定高耗能产品产量控制计划，按盟市分配配额指标，要对产品单耗过高和严重浪费能源的企业，不予分配限量配额；控制计划将逐年减少，并逐步缩小生产区域。要尽快制定出台《全区主要用能产品能耗限额目录》《全区主要耗能产品超限额能耗加价管理办法》，对超出国家和自治区规定的主要产品单耗的部分，实行电力加价；对低于国家和自治区规定的主要产品单耗的部分，实行电力优惠。通过主要抓产品单耗，从而改变全区能耗水平高的落后状况。

（三）加强重点节能减排领域的管理工作

继续做好工业、建筑业、交通业、商业及民用、农牧业、政府机构等重点领域的节能工作，在给各盟市分解节能指标的基础上，要求建筑业、交通业、商业及民用、农牧业、政府机构等用能行业制定相应的节能降耗目标、措施和实施方案，承担相应的节能降耗任务，实现全方位开展节能工作、确保自治区节能目标的顺利实现。重点抓好煤炭、电力、冶金、建材等耗能高、污染重行业和企业的节能降耗与污染减排工作。自治区规模以上的工业企业要定期向自治区、盟市、旗县主管部门，统计部门和环保监管部门报告能源利用情况，各级节能、环保监管部门对能耗高、污染重的企业要加大执法监管力度，定期或不定期对该类企业进行节能监察、能源设计和环保检查，对不符合国家产业政策和达不到自治区标准的高耗能、高污染企业要予以坚决取缔，严厉惩治无视国家、自治区政策与环保标准的污染企业。加大关停淘汰工作力度，确保减排工作进度。加强淘汰落后产能核查，对未按期完成淘汰落后产能任务的地区，严格控制国家安排的投资项目，实行项目“区域限批”，暂停对该地区项目的环评、供地、核准和审批。对未按规定期限淘汰落后产能的企业，依法吊销排污许可证、生产许可证、安全生产许可证，投资管理部门不予审批和核准新的投资项目，国土资源管理部门不予批准新增用地，有关部门依法停止落后产能生产的供电供水。结合做好化解产能过剩矛盾工作，以钢铁、水泥、电解铝、平板玻璃等产能严重过剩行业为重点，尽快将任务分解落实到具体企业并公告企业名单，加强监督检查，列入公告的落后设备（生产线）必须全部关停、彻底拆除，不得转移。

（四）加快推动节能减排技术进步和创新

一是加强节能减排技术研发。依托大企业集团，推动以企业为主体，产学研相结合的节能减排技术创新与成果转化体系建设。将节能减排共性和关键技术攻关项目作为自治区科技支撑项目计划重点领域和优先主题，组织实施节能减排科技专项活动，注重开展共性、关键和前沿技术的研发，促进节能减排技术产业化。鼓励企业自主创新，围绕行业节能减排科技发展重点，建立产学研自主创新战略联盟，选择行业节能减排重大关键技术，开展联合研究与开发。组织实施行业自治区科技专项资金要重点向企业节能减排技术的开发、转化、引进和应用方面倾斜，充分调动企业开发利用节能新技术，引进节能环保新工艺、新设备的积极性。二是加快建立节能技术服务体系。制定出台《关于加快发展内蒙古自治区节能服务产业的指导意见》，促进节能服务产业发展。培育节能服务市场，加快推行合同能源管理，重点支持专业化节能服务公司为企业以及党政机关办公楼、公共设施和学校实施节能改造提供诊断、设计、融资、改造、运行管理一条龙服务。

（五）促进节能减排激励约束机制的建立

稳步推进资源性产品价格改革。加快热力价格形成机制改革，实行热力价格与煤炭价格联动。推进电力价格改革，将小火电机组上网电价降低至标杆电价，对已安装脱硫设施、达标排放且正常运行的燃煤电厂上网电量给予脱硫加价，对可再生能源发电、利用余热余压发电及城市垃圾发电实行相应的电价政策。加大对铁合金、电石、烧碱等高耗能行业实行差别电价政策的力度，在电解铝、铁合金、钢铁、水泥等行业开展能耗超限额加价试点工作，对超过能源效率、能耗限额标准使用能源的企业实行超耗收费。全面推进水价改革，加大水资源费征收力度，实现水资源费按标准足额征收。加快实施阶梯式水价、超计划和超定额用水加价制度。对国家产业政策明确的限制类、淘汰类高耗水企业实施惩罚性水价。全面开征城市污水处理费并提高收费标准。

落实国家鼓励节能减排的财税政策。一是按照《节能法》和《实施办法》的有关规定，要在财政资金中列支专项资金，用于重点节能示范项目和节能技术推广项目；二是尽快建立淘汰落后产能退出补偿奖励制度，通过增加转移支付等方式，对因淘汰落后产能造成影响较大的地区和企业进行适当补贴，同时要制定出台相应的节能目标责任制考核办法、节能奖励办法、能耗公报制度等，建立起比较完善的节能减排考核评价体系等。对生产和使用国家《节能产品目录》中的产品给予税收优惠。各级政府要加大公共财政对节能降耗管理、节能技术改造环境保护的投入，对符合规定条件的节能环保项目，积极争取国家专项资金支持。制定节奖超罚政策，对节能降耗成效显著的单位和在节能工作做出突出贡献的个人给予表彰奖励。各金融机构切实加大对节能减排项目的融资服务。

鼓励担保机构对节能减排项目进行担保，鼓励企业运用清洁发展机制，通过直接融资以及争取国际金融组织、外国政府贷款等，加速企业节能减排技术改造。

当前，需要重点抓好的几项工作：

一是加强执法检查、舆论宣传和社会监督工作力度，全面实行节能减排工作责任制和问责制，将节能减排指标完成情况纳入各地经济社会发展综合评价体系，作为政府领导干部综合考核评价和企业负责人业绩考核的重要内容。将减排考核与地方政府实绩挂钩，对考核后两名的盟市政府实施“一票否决”，对后三名的地方政府实施约谈，并将考核结果报组织部门。将减排考核与新上项目总量审查挂钩，没有完成年度减排任务的地区，新上项目总量指标不予受理。将减排考核与责任书重点项目挂钩，凡是国家公告中没完成的项目，直接认定项目责任盟市未通过年度减排考核。针对各盟市减排工作实际，盟市反馈年度目标减排结果以及各盟市减排工作存在的问题、减排潜力分析、减排工作重点等情况。让盟市政府从各方面了解减排存在的问题、在全区减排中的排位、完成“十二五”减排任务需要做的工作。加大节能减排联合执法检查力度，严肃处理一批严重违反节能减排法律法规的典型案件，对顶风违纪的地区和企业要严肃查处。

二是突出全口径行业减排工程。今后的减排工作，要把全口径行业减排工程建设作为重中之重的措施。大气减排突出火电机组脱硫增容改造、新上脱硝设施，钢铁烧结机脱硫，水泥行业低氮燃烧器改造及脱硝工程，加快拆除湿法脱硫火电机组烟道旁路，开展循环流化床锅炉脱硫“三自动”改造或尾部增湿改造；水减排重点抓城镇污水处理厂提标改造、污水收集管网扩建，农业源畜禽养殖污染设施完善上。在推动减排工程建设上，从企业到政府都要求明确减排工作负责人、明确工程完成时限，并对减排核查结果负责，确保减排重点工程有人管、有人问、有人督促。

三是加大资金支持力度。加强财政资金管理，提高使用效率，注重发挥财政资金的引导作用，促进形成持续稳定增长的资金投入机制；研究建立有利于促进地方实现节能减排目标任务的财政支持机制。建立绿色信贷实施情况关键评价指标体系、绿色信贷统计制度，加强绿色信贷信息平台建设，提高节能环保企业和项目的融资能力。各部门应在原有基础上继续安排环保资金向环保项目倾斜，支持企业减排。各盟市政府也要多方筹措资金对污染减排及环境基础设施加大投入，支持重点减排项目等。

四是加强在线监测体系建设。加快重点监控企业污染源自动监测数据有效性审核，通过审核发现问题，督促整改。加强监测人员持证上岗及计量认证考核，提高监测人员素质，减少人为因素对监测数据的影响。强化在线监测设备的验收，保证投入运行的在线监测设备符合国家强制性要求，提高在线监测数据的有效性。提高在线监测设备数据的传输率，减少设备故障，确保数据传输率稳步提高。下大力气解决企业现场端在线监测设备问题。

五是通过政府、媒体公告的形式开展节能减排全民行动。深入推进节能减排全民行动，组织开展政府绿色办公、节能减排家庭社区行动、企业行动、青年志愿者行动、青少年行动、巾帼环境友好使者行动、节约型军营行动等，减少使用一次性产品，抑制商品过度包装，限制使用塑料购物袋，积极倡导文明、节约、绿色、低碳的消费模式。组织好全国节能宣传周、低碳日、世界环境日、世界水日等主题宣传活动，加强日常宣传报道，充分发挥民间组织、志愿者的积极作用。继续开展节能减排科普展览教育活动，在重点行业职工中开展节能减排达标竞赛活动，加强职工节能减排义务监督员队伍建设。

第四章　节能减排促进内蒙古经济社会发展研究

一　“十二五”期间内蒙古自治区节能减排及经济社会发展现状

（一）“十二五”期间内蒙古自治区节能减排实施情况概述

根据国家发改委下达给内蒙古自治区“十二五”期间节能减排的任务，可以看出“十二五”节能目标比“十一五”下降7个百分点，但实际节能量并未降低。根据内蒙古自治区“十二五”发展规划，2015年，全区地区生产总值年均增长12%、单位GDP能耗下降15%，需要完成的节能量比“十一五”高2000万吨标准煤左右，五年累计节约能源6000万吨标准煤左右。全区化学需氧量（含工业、生活、农业）排放量控制在85.9万吨以内，比2010年的92.1万吨下降6.7%（其中工业和生活排放量下降7.5%）；氨氮（含工业、生活、农业）排放量控制在4.9万吨以内，比2010年的5.4万吨下降9.7%（其中工业和生活排放量下降9.5%）；二氧化硫排放量控制在134.4万吨以内，比2010年的139.7万吨下降3.8%；氮氧化物排放总量控制在123.8万吨以内，比2010年的131.4万吨下降5.8%。

“十二五”期间节能减排任务压力较大，存在以下几方面的原因：“十一五”节能减排目标是在“十五”末期能耗高、排放量大的基础上，通过政府强力推动完成的，企业节能减排的内在需求和动力不足。目前，主要耗能产业淘汰落后产能任务基本完成，污染减排设施已陆续投入运营，能够很快取得成效的项目很少，推进节能减排的长效机制尚未形成，继续提高节能减排水平的空间和潜力越来越小。另外，受资源禀赋和所处发展阶段等因素影响，内蒙古自治区经济增长对资源的依赖程度较高，产业结构重型化特征突出，2010 年工业增加值占地区生产总值的比重达到 48.2%，工业总产值中重工业的比重达 71%，分别比 2005 年提高 10.3% 和 1.3%，能源、冶金、化工、建材等行业能源消耗占全区能源消费总量的比重近 60%，按照自治区在全国的发展定位，能源重化工产业仍是发展重点，"十二五"期间，随着一批新建项目陆续投产，能源消耗和污染物排放总量还将增长，在继续削减存量的同时，需要不断消化增量，完成节能减排目标的难度明显增加。

在面临节能减排和经济发展的双重压力下，"十二五"期间，内蒙古自治区认真贯彻落实科学发展观，按照发展与节能并进、开发与减排并重的指导方针，坚持优化存量与控制增量相结合，通过健全法制、完善政策、强化责任、加强监管多措并举，优化产业结构、推动技术进步、强化工程措施、提高管理水平多管齐下，加快形成以企业为主体、政府为主导、市场有效驱动、全社会共同参与的节能减排工作格局，构建加快转变发展方式的倒逼机制，努力降低能源消耗和主要污染物排放强度，实现节能减排与经济发展的双重目标。

根据国家"十二五"主要污染物总量控制要求，将化学需氧量（COD）、氨氮（NH_3-N）、二氧化硫（SO_2）、氮氧化物（NO_x）四项指标作为减排任务完成情况的考核指标，节能任务的完成情况主要通过单位 GDP 能耗（单位 GDP 能耗是反映能源消费水平和节能降耗状况的主要指标，一次能源供应总量与 GDP 的比率，是一个能源利用效率指标。该指标说明一个国家经济活动中对能源的利用程度，反映经济结构和能源利用效率的变化）来评价，内蒙古自治区“十二五”期间节能减排主要指标完成情况如表4—1所示。

表4—1 “十二五”期间内蒙古自治区节能减排主要指标完成情况（单位：万吨）

年份	2011	2012	2013	2014
单位GDP能耗	1.41	1.33	1.27	1.22
COD排放量	91.9	88.39	86.3	84.77
SO_2排放量	140.94	138.5015	135.87	131.24
NO_x排放量	142.19	141.9049	137.76	125.83
NH_3-N排放量	5.38	5.28	5.1	4.93

数据来源：2011—2012年内蒙古自治区环境统计公报。

从表4—1所示的数据可以看出：2011年化学需氧量排放量为91.90万吨，比2010年减少0.25%。氨氮排放量为5.38万吨，比2010年减少1.21%。二氧化硫排放量为140.94万吨，比2010年上升0.86%。氮氧化物排放量为142.19万吨，比2010年上升8.2%。单位GDP能耗指数为1.41，较2010年下降26.5%。

2012年化学需氧量排放量为88.39万吨，比2011年减少3.82%。氨氮排放量为5.28万吨，比2011年减少2.26%。二氧化硫排放量为138.5015万吨，比2011年减少1.73%，净减量2.44万吨。氮氧化物排放量为141.9049万吨，比2011年减少0.2%，净减量0.2815万吨。单位GDP能耗指数为1.33，较2011年下降5.6%。

2013年化学需氧量排放量为86.3万吨，比2012年减少2.34%，净减量2.07万吨。氨氮排放量为5.1万吨，比2012年减少3.01%，净减量0.16万吨。二氧化硫排放量为135.87万吨，比2012年减少1.9%，净减量2.63万吨。氮氧化物排放量为137.76万吨，比2012年减少2.92%，净减量4.15万吨。单位 GDP 能耗指数为 1.27，较 2012 年下降 4.5%。

2014 年，自治区四项主要污染物总量减排超额完成国家下达的减排目标任务。二氧化硫排放量为 131.24 万吨，较 2013 年下降 3.41%。氮氧化物排放量为 125.83 万吨，较 2013 年下降 8.66%。化学需氧量排放量为 84.77 万吨，较 2013 年下降 1.80%。氨氮排放量为 4.93 万吨，较 2013 年下降 3.44%。单位 GDP 能耗指数为 1.22，较 2013 年下降 3.9%。

（二）“十二五”期间内蒙古自治区经济社会发展现状

一个国家或者地区的经济发展不仅意味着国民经济规模的扩大，更意味着经济和社会生活素质的提高。所以，经济发展涉及的内容超过了单纯的经济增长，比经济增长更为广泛。一般来说，经济发展包括三层含义：经济量的增长，即一个国家或地区产品和劳务的增加，它构成了经济发展的物质基础；经济结构的改进和优化，即一个国家或地区的产业结构、收入分配结构、消费结构以及人口结构等经济结构的变化；经济质量的改善和提高，即一个国家和地区经济效益的提高、经济稳定程度、卫生健康状况的改善、自然环境和生态平衡以及政治、文化和人的现代化进程。

在本章的研究中，对内蒙古自治区经济社会发展的综合描述评价通过以下指标来反映：①经济量的增长：地区 GDP，人均 GDP，年投资总额；②经济结构的改进和优化：三次产业产值及其比例，服务业增加值占 GDP 的比例，城乡居民人均收入，城乡恩格尔系数；③经济质量的改善和提高：教卫保障与就业支出占 GDP 比重。

1. 经济总量变动趋势

针对内蒙古自治区“十二五”期间经济总量的变动趋势的描述主要从地区生产总值、人均生产总值、年投资额三方面展开，如表 4—2 所示。

表4—2 “十二五”期间内蒙古自治区经济总量变动情况

年份	2011	2012	2013	2014
地区生产总值（亿元）	14359.88	15880.58	16832.38	17769.5
人均生产总值（元）	57974	63886	67498	71146.02
年投资总额（亿元）	10899.79	13112.01	15520.72	12074.2

数据来源：内蒙古自治区2011—2014年统计年鉴。

“十二五”期间，内蒙古自治区经济总量稳步增长，2012年地区生产总值增长11.7%，人均生产总值增长10.2%，固定资产投资总额增长20.3%，2013年地区生产总值增长9%，人均生产总值增长5.7%，固定资产投资总额增长18.4%，2014年地区生产总值增长7.8%，人均生产总值增长5.4%，固定资产投资下降18.1%。以上数据分析可以得出：“十二五”经济转型的大背景下，内蒙古自治区总体经济形势比较稳定。

2. 经济结构的改进和优化

“十二五”期间，内蒙古自治区经济结构在节能减排的推动中产生了很大的变化，主要从产业结构、收入分配结构两个方面来研究：通过三次产业历年的比重反映内蒙古自治区产业结构的变化；通过城乡居民收入的变动以及历年的恩格尔系数来反映内蒙古自治区“十二五”期间收入分配结构的变动，如表4—3所示。

2011年第一产业增加值1304.91亿元，增长5.8%；第二产业增加值8092.07亿元，增长17.8%；第三产业增加值4849.13亿元，增长11%。全区生产总值中一、二、三次产业比例为9.2∶56.8∶34。全年城镇居民人均可支配收入20408元，比上年增加2710元，增长15.3%，城镇居民家庭恩格尔系数为31.3%。全年农牧民人均纯收入6642元，比上年增加1112元，增长20.1%。农村牧区居民家庭恩格尔系数为37.5%。

表4—3　　“十二五”期间内蒙古自治区经济结构改进数据

年份		2011	2012	2013	2014
第一产业	增加值（亿元）	1304. 91	1448. 58	1599. 41	1627. 2
	比例（%）	9. 2	9. 1	9. 5	9. 1
第二产业	增加值（亿元）	8092. 07	8801. 50	9084. 19	9219. 8
	比例（%）	56. 8	55. 4	54	51. 9
第三产业	增加值（亿元）	4849. 13	5630. 50	6148. 78	6966. 6
	比例（%）	34	35. 5	36. 5	39
城镇人口人均收入（元）		20408	23150	25497	28350
农牧区人均收入（元）		6642	7611	8596	9976
城镇区恩格尔系数（%）		31. 3	30. 8	28. 3	28. 7
农牧区恩格尔系数（%）		37. 5	37. 3	31. 2	30. 5

数据来源：《内蒙古自治区年统计年鉴（2011—2014年）》。

2012年第一产业增加值1448. 58亿元，增长5. 8%；第二产业增加值8801. 50亿元，增长14%；第三产业增加值5630. 50亿元，增长9. 4%。全区生产总值中一、二、三次产业比例为9. 1∶55. 4∶35. 5。全年城镇居民人均可支配收入23150元，比上年增加2742元，增长13. 4%，城镇居民家庭恩格尔系数为30. 8%。全年农牧民人均纯收入7611元，比上年增加969元，增长14. 6%。农村牧区居民家庭恩格尔系数为37. 3%。

2013年第一产业增加值1599. 41亿元，增长5. 2%；第二产业增加值9084. 19亿元，增长10. 7%；第三产业增加值6148. 78亿元，增长7. 1%。全区生产总值中一、二、三次产业比例为9. 5∶54. 0∶36. 5。全年城镇居民人均可支配收入25497元，比上年增加2347元，增长10. 1%，城镇居民家庭恩格尔系数为28. 3%。全年农牧民人均纯收入8596元，比上年增加985元，增长12.9%。农村牧区居民家庭恩格尔系数为31.2%。

2014年第一产业增加值1627.2亿元，增长3.1%；第二产业增加值9219.8亿元，增长9.1%；第三产业增加值6966.6亿元，增长6.7%。全区三次产业比例为9.1∶51.9∶39。城镇常住居民人均可支配收入28350元，增长9%，城镇居民家庭恩格尔系数为28.7%。农村牧区常住居民人均可支配收入9976元，增长11%，农村牧区居民家庭恩格尔系数为30.5%。

根据以上数据分析可以看出，“十二五”期间，内蒙古自治区产业结构变动朝向积极有利的方向，第一产业比例总体比较平稳，第二产业占比略有增加，第三产业比例逐年呈增长趋势，经济产业结构变动更加合理。城乡居民人均收入也在逐年增加，共享经济成果效果明显。

3. 经济质量的改善和提高

2011年，一般公共服务支出304.53亿元，比上年增长19.6%；社会保障和就业支出363.97亿元，增长24.5%；医疗卫生支出164.59亿元，增长36.3%；教育支出390.69亿元，增长21.3%。

2012年，公共与民生领域支出占财政收入的比重持续上升。其中一般公共服务支出341.84亿元，增长12.3%；社会保障和就业支出435.47亿元，增长19.6%；医疗卫生支出177.91亿元，增长8.1%；教育支出439.97亿元，增长12.6%。

2013年，民生和重点社会事业支出得到较好保障。其中，社会保障和就业支出488.2亿元，增长12.1%；医疗卫生支出195.53亿元，增长9.9%；教育支出457.94亿元，增长4.1%。

2014年民生和重点社会事业支出持续上升。其中，社会保障和就业支出532.2亿元，增长8.4%；教育支出475.6亿元，增长4.1%。

通过对内蒙古自治区“十二五”期间经济社会发展数据分析，我们可以认为在取得一定经济成果的同时，内蒙古经济运行中仍然存在一些问题，主要表现在：农牧业基础薄弱，产业发展不充分；区域、城乡发展不平衡；需求拉动不足；县域经济和非公经济发展相对滞后，工业结构仍然以高耗能的重工业为主；基本公共服务水平仍有待提高。

（三）问题的提出

通过对内蒙古自治区“十二五”期间节能减排任务完成情况以及经济发展情况的分析，可以得出，内蒙古自治区经济增长仍然以高耗能的重工业为主要增长点，但是能源消耗水平以及利用效率也有了明显的改善，发展低能耗的高科技工业以及大力发展第三产业，得到各级政府的大力扶持。如何评价“十二五”期间内蒙古自治区节能减排的效率、节能减排对内蒙古自治区经济发展的影响是正面的还是负面的，是本章的主要研究内容。

二 内蒙古自治区节能减排绩效及经济社会效益协调性研究

（一）节能减排绩效分析

1. 节能减排绩效评估指标体系构建

节能减排绩效评估指标体系构建的基本理论是：“资源环境绩效指数”理论，简称 REPI，是指一个地区资源消耗会污染排放占全国的份额与对应的该地区的生产总值占全国 GDP 的份额的比值，可用来反映一个地区的节能减排绩效，在评价节能减排工作中得到很好的应用。

计算公式如下：

$$REPI_i = \frac{1}{n}\sum_{1}^{n} W_{ij}\frac{x_{ij}/g_i}{x_j/g}, i = 1, \cdots, 30 \quad (1)$$

其中，REPI 是第 i 个地区的资源环境绩效指数；W_{ij}为第 i 个地区第 j 种资源消耗或污染物排放的权重；x_{ij} 为第 i 个地区第 j 种资料消耗或污染物排放总量；g_i 为第 i 个地区的 GDP 总量；x_j 为全国第 j 种资源消耗或污染物排放总量；g 为全国的 GDP 总量。

2. **节能减排指标选取**

根据资源环境绩效理论，及内蒙古自治区节能减排主要考核指标，本章建立的节能减排绩效评估体系主要包括四个方面：

能源消耗指标。根据内蒙古能源消耗的实际情况，选择能源消耗总量、煤炭消耗量、天然气消耗量三种能源消耗指标进行分析，反映内蒙古地区节能绩效情况。

资源利用指标。在资源利用方面，考虑资源的稀缺性以及特殊重要性，本章选取建设用地规模以及生产用水量作为衡量资源利用的主要指标。

污染排放指标。参照国家“十二五”期间节能减排任务指标，本文选取化学需氧量排放量、二氧化硫排放量、氮氧化物排放量、氨氮排放量作为衡量污染排放指标。

环境治理指标。工业固体废弃物以及城市生活垃圾的处理效率是影响节能减排绩效的关键因素，因此本文选取工业固废处理量和城市生活垃圾处理量作为考核内蒙古自治区环境治理指标。

3. **指标权重分析**

“资源环境绩效指数”理论提出之初，为了方便计算，假定各资源消耗和污染物排放的权重相同，即 $W_{ij}=1$。本文在分析指数权重是参照官紫玲的主成分分析法，即 $0<W_{ij}<1$ 上述公式可以改为：

$$REPI_j = \sum_{i=1}^{n} W_{ij} \frac{X_{ij}/X_{i0}}{g_j/G_0} \tag{2}$$

另外，在文中只针对内蒙古自治区的节能减排绩效进行计算，不涉及其他地区，所以文中所用的数据为“十二五”期间的主要数据，根据研究对象的不同，针对上述公式进行重新定义：其中 j 为年份，分别为 2011—2014 年各年份，i 代表第 i 种资源消耗量或者污染物排放量，其中 x_{ij} 代表内蒙古自治区第 j 年第 i 种资源的消耗量或者污染物排放量，g_j 代表内蒙古自治区年生产总值，X_{ij}代表国家第 j 年第 i 种资源消耗量或者污染物排放量，G_j 代表国家生产总值。调整后的公式（3）为

$$REPI_j = \sum_{i=1}^{11} W_i \frac{x_{ij}/g_j}{X_j/G_j}(i = 1\cdots11; j = 2011,2012,2013,2014)$$

根据上述公式计算得出“十二五”期间内蒙古自治区节能减排绩效的变化情况。

本章采用客观性较强的主成分分析法，运用 SPSS 软件进行主成分分析，另外，为了克服数据过少而带来的系统不稳定性，在估算各项指标权重时采用的数据为内蒙古自治区 2006 年至 2014 年季度数据。主要运算过程为：（1）原始数据标准化，计算各指标相关系数矩阵；（2）计算特征值、贡献率和累计贡献率，提取三个主要成分，贡献率分别为 54.247%、20.641%、14.116%，累计贡献率达 89.004%，大于 85%，包含绝大部分指标的原有信息；（3）计算主成分载荷矩阵、主成分得分系数矩阵，得出三个主要成分；（4）计算指标权重，用上述第 l 个主成分中每个变量所对应的系数乘以第 l 个主成分的贡献率在除以三个主成分的累积贡献率（$l = 1,2,3$），最后两组相应系数各自相加，得综合得分模型，那么 Y 中每个变量所对应的系数即每个指标的权重 W_i，

$$Y = 0.15X_1 + 0.23X_2 + 0.12X_3 + 0.082X_4 + 0.13X_5 + 0.035X_6 + 0.025X_7 + 0.048X_8 + 0.082X_9 + 0.052X_{10} + 0.034X_{11}$$

上式中，每个变量所对应的系数即每个指标的权重 W_i，能源消耗类指标权重为 0.47（能源消耗总量 x_1：0.15，煤炭消耗量 x_2：0.23，天然气消耗量 x_3：0.12），污染物排放类指标权重为 0.324（化学需氧量排放量 x_4：0.082，二氧化硫排放量 x_5：0.13，氮氧化物排放量 x_6：0.035，氨氮排放量 x_7：0.025），资源利用指标权重为 0.130（生产建设用地 x_8：0.048，生产用水总量 x_9：0.082），环境治理类指标权重为 0.086（工业固废处理

量 x_{10} ：0.052，城市生活垃圾处理量 x_{11} ：0.034)，满足 $0 < W_i < 1$ 上，且总和为1。

4. **节能减排绩效评估**

利用公式（3），2011年至2014年内蒙古自治区各项指标数据以及国家各项指标数据，得出计算结果如表4—4所示：

表4—4　2011—2014年内蒙古自治区4类指标资源环境绩效指数

年份	REPI指数	能源消耗指标	污染排放指标	资源利用指标	环境治理指标
2011	1.667	0.909	0.463	0.089	0.206
2012	1.709	0.925	0.485	0.088	0.209
2013	1.739	0.951	0.501	0.089	0.199
2014	1.717	0.945	0.457	0.098	0.215

数据来源：笔者推算。

参考已有文献对全国区域节能减排绩效的研究，认为：资源环境绩效指数越高，节能减排绩效越低，以1为临界值，小于1为高节能减排绩效区域，介于1和2之间为中节能减排绩效区域，大于2为低节能减排绩效区域。

根据以上定义以及内蒙古自治区“十二五”期间资源环境绩效指数，可以得出：内蒙古自治区处于中节能减排区域。2011年至2014年资源环境绩效指数在1.6—1.7范围内浮动，并且在2011年至2013年间，资源环境绩效指数小幅度连年上升，节能减排绩效有下降趋势，究其原因，2011年至2013年期间，内蒙古自治区按时完成了国家下达的节能减排任务指标，从具体的单位GDP能耗数值以及污染物排放量来看，呈现连年下降的趋势，但是技术进步以及节能减排投入的资金量低于国家平均水平，资源环境绩效指数的改善低于国家资源环境绩效指数的平均水平，所以节能减排绩效指数呈现下降趋势。

（二）节能减排绩效与经济发展协调性研究

节能减排的实施需要各级政府以及企业投入大量人力、资本，各级政府和企业面临的最实际的问题就是投入的资本能否对企业收入、地方经济增长带来正面影响，经济社会发展和节能减排的实施是否冲突，为了解决这个问题，在本小节当中采用对数模型，通过对节能减排绩效与经济发展指数的相关性，来研究节能减排和经济发展的协调性问题。

1. 模型构建及变量设定

影响节能减排绩效的因素包括经济发展、产业结构、技术发展程度、政府治理污染的投入程度，在总结已有文献模型的基础上，构建计量模型如下：

$$\ln REPI_t = a_t + \ln b_1 G + \ln b_2 I + \ln b_3 M + c_t \tag{4}$$

其中，REPI是内蒙古自治区“十二五”期间资源环境绩效指数（参考本章前一小节的研究结果），G代表内蒙古自治区地区生产总值占全国GDP的比重，以2011年为基年，I是内蒙古自治区工业产值占地区生产总值的比重，代表产业结构的调整。M代表内蒙古自治区污染治理投资占地区生产总值的比重。

所需数据根据2011年至2015年《中国统计年鉴》《内蒙古自治区统计年鉴》整理计算而得。

2. 模型结果分析

通过对2011年至2015年内蒙古自治区节能减排绩效与经济增长，产业结构调整以及污染治理投资的相关性分析得出：

表4—5

	变量系数	T值
ln$G$	-0.15	-2.29
ln$I$	0.31	3.05
ln$M$	-0.02	-1.13
R2	0.95	

（1）整体来讲，经济增长、产业结构调整以及污染治理投资与资源环境绩效指数之间存在显著的协整性关系，其中，产业结构的调整对节能减排绩效影响较大。

（2）经济增长与资源环境绩效指数之间存在显著的负相关关系，即经济增长可以减小资源环境绩效指数，提高节能减排绩效。其影响系数为0.15，即经济增长提高1%，节能减排绩效提高0.15%。正相关关系的存在主要有以下两方面的原因：一方面，经济增长会加大技术投资，提升资源利用效率，提升节能减排绩效；另一方面，节能减排绩效的提高使得高耗能、高污染的产业逐渐减少或退出，提升第三产业的比重，优化产业结构，进一步促进经济的可持续增长。

（3）工业产值的占比与资源环境绩效指数存在显著正相关关系，即工业比重的提升，会增加资源环境绩效指数，降低节能减排绩效。对于处于中节能减排区域的内蒙古自治区来讲，影响系数为0.31，说明产业结构的调整对节能减排影响较大，加大调整产业结构的力度会更好地促进节能减排绩效。

（4）污染治理投资占比与资源环境绩效存在负相关关系，但影响力较弱，说明在内蒙古自治区，污染治理的投资对节能减排绩效的提升存在正向作用，会因为工业比重较大而受到影响。

三　实施节能减排与促进经济社会发展中存在的问题

我们统计了“十二五”期间内蒙古自治区节能减排任务完成量以及经济社会发展的各项数据指标，通过构建内蒙古自治区节能减排绩效评估指标体系以及节能减排与经济发展关系研究的计量模型，得出：内蒙古自治区目前处于中节能减排绩效区域，即重工业比较发达，新型工业化发展迅速，从而提升了经济发展速度，也带来了较大的环境成本压力。同时还得出：经济增长与资源环境绩效指数之间存在显著负相关关系，在中节能减排绩效区域的影响系数最小（对比张丹等在《中国区域节能减排绩效及影响因素对比研究》中得出的结果），影响系数为0.15，即经济增长1%，可以促进节能减排提高0.15%，反之亦然。以上两方面的研究结果很好地反映了在调研过程中各级政府以及企业描述的事实：节能对于经济发展以及企业的营业收入增加有着明显的促进作用，但是减排的经济效益目前不明显，为了完成上级政府下达的节能减排任务，资金投入量比较大，某种程度上影响了当地的经济发展和企业的发展。之所以出现此种情况，主要存在以下几方面的问题：

（一）能源生产利用效率低

一方面，能源生产效率和综合利用效率有待进一步提高。内蒙古自治区资源禀赋主要以煤炭能源为主，2013年，内蒙古自治区能源生产总量为62261.61万吨标准煤，其中煤炭生产总量占比91.58%，能源消费总量为22103.30万吨标准煤，增长5.60%，其中，煤炭消耗占比87.63%，初级能源产品仍然是能源消费的主体。一方面，由于技术方面的限制，和石油、天然气能源相比较，能源转换效率煤炭最低，转化过程中也存在较大污染。在追求经济发展的同时，煤炭高污染的特质也给节能减排任务完成带来巨大阻力。另一方面，煤炭的利用方式不同带来的经济效益也不同，煤转电可使效益增加5倍，煤转化工可增加10多倍，煤转油可增加20倍。“十二五”期间，内蒙古自治区加大了煤转电、新科技煤化工、煤制油、煤制天然气等项目的投资，延长煤炭产业链条、获取更多的经济效益，但是短期内，没能改变内蒙古以输出原煤为主的经济结构。根据中国化工信息中心发布的数据显示：2015年内蒙古煤化工占当地煤炭产出总量的比重为33.4%。

（二）工业重型化趋势仍将继续，第三产业发展相对滞后

目前内蒙古自治区经济处于工业化中期阶段，工业重型化特征明显。根据国内外发展经验，重化工业阶段必然伴随着大规模生产、大规模排放污染和大规模消耗不可再生能源和资源，环境污染物的排放增加是必然的趋势。2013 年工业增加值占地区生产总值的比重达到 47.2%，工业总产值中重工业的比重达到 71.1%，能源、冶金、化工、建材等行业能源消耗占全区能源消费总量的比重近 60%，按照内蒙古自治区在全国的发展定位，能源重化工产业仍是发展重点，工业重型化趋势仍将继续，经济稳定发展依然依赖高污染产业，这加剧了经济增长和节能减排任务的摩擦。

2013 年，属于劳动密集型、能耗比较低的第三产业在总产业中比重较低。内蒙古自治区服务业增加值和工业增加值占生产总值的比重均超过三分之一，分别为 36.5% 和 54%，而服务业能耗和工业能耗占能源消费总量的比重分别为 10.2% 和 72.5%，按照国际经验，根据内蒙古自治区经济发展目前所处的阶段，服务业比重应达到 50% 左右，而目前第三产业尚不足 40%。

（三）节能减排实施中各利益主体没能实现利益均衡

在内蒙古自治区节能减排政策的执行过程中，涉及自治区政府、地方政府的利益以及企业的利益，自治区政府和地方政府是政策执行者和被监管者，两者皆为“理性人”，追求的是社会效益的最大化，对于地方政府来讲，在执行政策过程中，追求的最大效益主要是上级政府的经济考核指标，所以地方政府更多地会关注短期利益，在依靠高耗能、重工业发展经济的现实下，要地方政府马上调整产业结构，改变粗放型的经济增长方式，会大大增加政策执行成本。所以，如果上级政府将节能减排作为考核指标，地方选择的策略是被动的执行政策，完成任务量，采取的方法缺乏科学性、长

远性。对于企业来讲，追求利益最大化是其本能，节能减排的实施意味着要增加企业的投资成本，而作为回报的环境资源的维护和改善具有外部性，所以企业执行节能减排的积极性不高。如果地方政府采取惩罚措施，在短期内会降低企业污染环境的概率，但是随着地方政府加大惩罚力度，企业会转而选择不执行政策以增加自身的效用。以上三者之间的博弈关系没有实现长期均衡，也是导致节能减排与经济发展受到阻滞的原因。

四　促进节能减排与经济社会协调发展的若干建议

通过对内蒙古自治区节能减排与经济社会发展存在的矛盾和问题的分析，笔者提出若干政策建议，如下：

（一）合理规划产业布局，调整产业结构

根据数量模型的计算结果，笔者得出内蒙古自治区节能减排绩效处于中节能减排绩效区域，对于该种类型的区域来说，产业结构的调整对节能减排的影响最大。因此，为实现经济发展和节能减排的双重目标，应该引进新技术，降低能源消耗和主要污染物的排放。此次调研对象涵盖了内蒙古自治区可以带动经济发展的主要产业：煤炭、钢铁、煤化工、新能源和可再生能源产业以及环保产业，政府除了加大对新型能源产业以及环保产业的扶持和支持，在重点能耗产业领域，更要及早淘汰污染严重、产能过剩的行业企业，同时，产业布局要有全局观，在自治区内不能重复建设，协调好各地方政府之间的利益冲突。例如在调研中获悉：电解铝产业除了产能过剩的特征以外，技术上处于瓶颈期，短期内不会有太大的技术突破，很难实现经济效益和节能减排的双重目标。所以在通辽、乌海等重工业区域，该产业处于濒临淘汰的境地，自治区的产业布局时，即使是针对处于工业初级发展阶段的地方区域，也要避免重复建设产能过剩产业。

（二）扶持第三产业

优化产业结构的另一途径就是扶持第三产业的发展，第三产业是一种服务性产业，服务业多为劳动密集型产业，能源消耗量和污染排放量较小，第三产业在产业结构的比重反映了产业结构的优化度。据测算，如果全区第三产业比重提高1个百分点，第二产业重工业增加值比重相应地降低1个百分点，万元生产总值能耗可相应地降低约1个百分点。而目前内蒙古自治区第三产业的比重不足40%。内蒙古自治区不仅有丰富的煤炭资源，还拥有丰富的农牧产品，可以以此为依托，大力发展第三产业，例如发展推动农产品、大宗矿产品、重要工业品等重点领域的物流产业。

（三）加大节能减排宣传力度，协调各级政府与企业的利益关系

政策执行主体的态度、行为直接影响着节能减排政策能否被有效执行。政策认同是有效执行节能减排政策的前提。地方政府对节能减排政策拥有“初始的解释权”和“自由裁量权”，企业能否准确认知政策也直接关系到其能否积极执行政策，为此，必须加强政策执行主体对政策的认知，做好政策的解释工作和节能减排宣传教育。对节能减排政策的目标、内容、功能、价值、适用范围和实施条件等进行解释，尤其是节能减排政策与政策执行者的利益关系，切实增强政策执行主体的全局意识和危机意识。此外，应推动节能减排政策博弈的重心前移，使博弈更多地发生在政策制定阶段，提高政策执行主体等利益相关者在政策制定环节的参与度，畅通利益表达的渠道，实现从被动执行到主动执行政策的转变。强化政策执行主体的责任意识，注重对节能减排意识的培养。深入开展节能减排全民行动，通过典型示范、专题活动、展览展示、岗位创建、合理化建议等多种形式，动员全社会

参与节能减排，倡导绿色、低碳的生产方式、消费模式和生活习惯。

（四）加强节能减排政策引导扶持

加快推进资源型产品价格改革。加大实施差别电价力度，对高耗能、高污染行业全面实行差别电价。对列入允许和鼓励类但环保设施未经验收的企业，限期进行整改，如在期限内未通过环评验收，按限制类企业对待。全面推进水价改革，加大水资源费征收力度，改革水价计价方式，实现水资源费按标准足额征收。提高排污单位二氧化硫排放、COD 排污费征收标准，杜绝“协议收费”和“定额收费”。全面开征城市污水处理费并提高收费标准。提高垃圾处理收费标准，改进征收方式。落实国家和自治区鼓励节能减排的财税政策。

各级政府要逐年加大对节能降耗管理、节能技术改造和环境保护的投入力度。在财政预算中安排一定资金，采用补助和奖励等方式，支持污水处理厂、垃圾处理设施以及配套管网建设、节能减排重点工程、示范工程、节能管理能力建设及污染减排监管体系建设。加大节能技改专项资金投入，鼓励企业采用先进的生产技术和节能减排技术。对因淘汰落后产能造成财政减收的地区予以一定额度的转移支付支持，逐步建立起退出补偿奖励机制。

第五章　节能减排给内蒙古产业转型升级带来的机遇和挑战

一　内蒙古节能减排与产业转型升级的关系

（一）节能减排对于产业转型升级的作用机理

节能减排工作的目的是提高发展质量和效率，因为能源是资源，其中化石能源是不可再生资源，风电、太阳能发电等即使是在电力生产过程中不消耗化石能源，但其在设备生产过程中仍然要耗费包括能源在内的大量资源；并且，化石能源消耗过程中，会产生大量温室气体和污染物，也降低了发展质量。能源消费以及伴生的温室气体和污染物排放，是生产发展、生活质量提高所付出的代价。内蒙古推进节能减排工作，是要在不影响生产发展、人民生活质量提高的前提下，把发展代价降到最小，而不是不发展或者减缓发展。

理论上，节能减排与产业转型升级可以形成正反馈机制，一方面，我国中央政府和自治区政府都高度重视节能减排工作，节能减排政策对于工业企业既是压力也是激励，从而短期内促进企业技术节能，长期看则推动了产业结构调整，即能源效率更高的产品和产业获得更快发展，这是节能减排促进了产业转型升级；另一方面，节能技术的推广应用、产业结构向低能耗产品、行业调整，有力地支持了地区节能减排目标的实现，这是以产业转型升级实现了地区节能减排。

但是，节能减排与产业结构之间的互动关系，还取决于其他重要因素的作用，如地区产业发展战略、资源、市场、地区经济发展阶段等。从发展水平和发展阶段来看，内蒙古还属于经济欠发达地区，工业化进程也落后于沿海发达地区，需要实现经济赶超的目标，经济规模增速要保持高于全国平均的水平。从资源禀赋来看，内蒙古矿产资源丰富、地域辽阔，但人力资源不足，技术水平落后，加工制造业基础薄弱。从地区产业发展战略来看，内蒙古从比较优势出发确定了基于资源的重型化产业发展战略。这些都对内蒙古以产业转型升级继续推进节能减排形成了约束。

一是经济规模保持较快增长的刚性要求形成的约束。内蒙古"十三五"规划提出，GDP要以高于全国平均水平的速度增长。而经济规模增长必然对能源消费量增长形成巨大的拉动作用。二是工业化继续推进、工业结构重型化发展形成的约束。内蒙古处于工业化中期，这一时期的经济增长，是以第二产业尤其是工业的发展为最主要支撑的，而第二产业能源强度无疑远高于第一产业和第三产业。更进一步地，内蒙古重点发展的能源、煤化工、黑色金属、有色金属等产业，都是高耗能产业，无疑将进一步加大节能减排难度。三是随着节能减排工作的深入推进，技术节能空间将不断缩小的约束。近年来内蒙古重点能耗行业淘汰落后产能、节能减排投资力度很大，一些新上项目的能耗和排放水平已经达到了行业先进水平，以设备更新实现节能的空间日益缩小。

（二）内蒙古能源消费和产业结构在全国所处的位置

内蒙古自治区目前尚处于工业化高速推进时期，工业增加值占地区生产总值的比重从2005年的37.8%提高到2014年45%，增长幅度在全国各省份中居于前列，并且，内蒙古的工业化进程还是以重化工业引领的，这种产业结构变动方向还将在“十三五”时期持续下去。

而从单位 GDP 能耗看，近十年来，全国各省份的单位 GDP 能耗都出现了明显下降。其中，内蒙古下降值为 1.39 吨标准煤/万元，仅次于宁夏和贵州，并且，内蒙古 2013 年的能源强度也低于宁夏和贵州。可以说，“十一五”以来内蒙古节能减排工作取得了良好成效，在全国也是居于前列的（见图 5—1）。

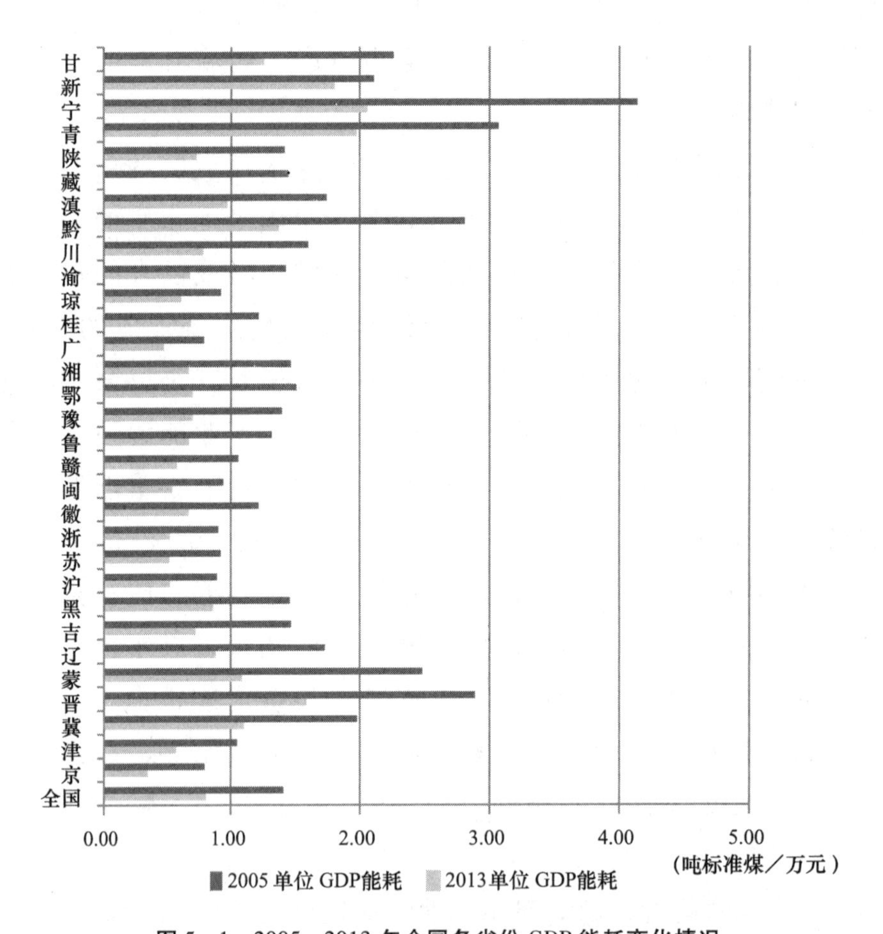

图 5—1　2005—2013 年全国各省份 GDP 能耗变化情况

注：表中为不包括西藏的 30 个省份，以下涉及能源强度数据的图表均缺少西藏数据。

从“十一五”以来变化看，内蒙古也是工业增加值比重有明显增长的省份中，能源强度值下降最大的［见图5—2（a）］。而从2013年的情况来看，以全国整体的能源强度和工业增加值比重（0.80吨标准煤/万元，36.95%）为原点作图［见图5—2（b）］，各省份所处的区域可以分为以下5个象限。其中，处于象限Ⅰ的为工业增加值比重、能源强度均高于全国平均水平的省份，仅有包括内蒙古在内的5个省份；处于象限Ⅱ的为工业增加值比重高于全国平均水平的省份、能源强度低于全国平均水平的省份，包括16个省份，主要为东部发达地区和部分中部地区；处于象限Ⅲ的为工业增加值比重、能源强度均低于全国平均水平的省份，仅有北京、上海和海南3个省份；处于象限Ⅳ的为工业增加值比重低于全国平均水平、能源强度高于全国平均水平的省份，仅有6个，除了黑龙江以外均为欠发达的西部省区（见表5—1）。

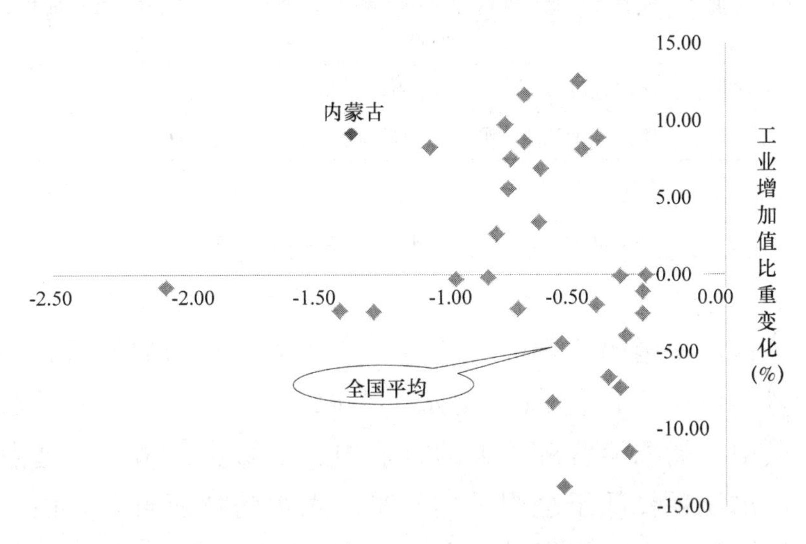

图5—2（a）　2005—2013年能源强度变化（吨标准煤/万元）

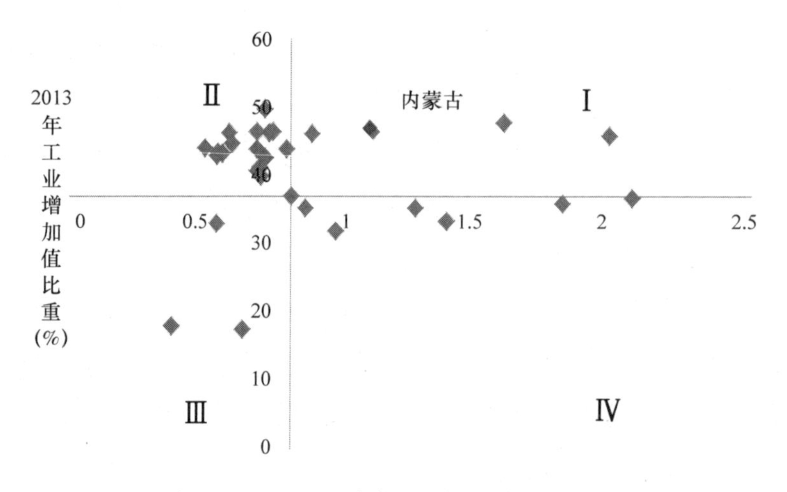

图5—2（b）　2013年能源强度（吨标准煤/万元）

图5—2　2005—2013年全国各省份能源强度变动与工业增加值变动情况

表5—1　　各省份能源强度与工业增加值比重关系

Ⅰ	工业比重高，能源强度高	辽宁、河北、内蒙古、山西、青海
Ⅱ	工业比重高，能源强度低	天津、吉林、江苏、浙江、安徽、福建、江西、山东、河南、湖北、湖南、广东、广西、重庆、四川、陕西
Ⅲ	工业比重低，能源强度低	北京、上海、海南
Ⅳ	工业比重低，能源强度高	黑龙江、贵州、云南、宁夏、新疆、甘肃

（三）工业行业产出、能耗情况所反映的节能潜力

从表5—2可以看出，内蒙古自治区绝大多数工业行业，其能源消费占全国的比重，均超过工业产值占全国的比重，即这些行业的单位产出能源消费水平，内蒙古要高于全国平均水平。其中，能源消费量较大的行业中，仅煤炭开采和洗选业的单位产出能耗要低于全国平均水平。六大高耗能行业，能源消费占全国的比重，均超过工业产值占全国的比重，其中，问题最为突出的是化学原料和化学制品制造业、有色金属冶炼和压延加工业。

内蒙古近年来大力发展化工、有色金属行业，两行业投资占制造业固定资产投资的30%以上，是近年来投资力度最大的制造业行业。但从表5—2来看，两行业的单位产值能源消费是全国的数倍。2013年，化学原料和化学制品制造业产值占全国的1.91%，但能源消费却占全国的7.91%；有色金属冶炼和压延加工业产值占全国的3.85%，能源消费占全国的10.35%。这与内蒙古化工、有色金属行业的发展重点即行业内部的产品结构密切相关。即内蒙古大力发展煤化工、电解铝等高耗能产业，可能是导致化工、有色金属行业单位能耗畸高的重要原因。此外，同一产品的单位能耗，也可能与全国平均水平存在一定差距。例如，在产品相对单一的电力工业，内蒙古与全国的单位能耗差距也是有的，以占全国3.44%的产值消耗了占全国4.31%的能源，但差距没有化工和有色金属行业那么巨大。这表明，即使在排除了产业结构、产品结构的影响之后，内蒙古技术节能仍存在较大空间。

表5—2　　2013年内蒙古工业产值、能源消费与全国的比较

行业	内蒙古能源消费总量（万吨标准煤）	内蒙古规模以上工业企业工业总产值（万元）	内蒙古/全国（能源消费）	内蒙古/全国（规模以上企业产出）	能源比重—产出比重
工业	14155	200879434	4.86	1.95	2.91
采矿业	2143	59480299	8.97	8.92	0.05
煤炭开采和洗选业	1690	39018546	11.92	12.04	-0.13
石油和天然气开采业	61	6195163	1.50	5.30	-3.80
黑色金属矿采选业	213	5396805	9.58	5.49	4.09
有色金属矿采选业	135	6320492	10.51	10.26	0.25
非金属矿采选业	44	2549293	3.20	5.28	-2.08
制造业	10814	120749665	4.52	1.34	3.18
农副食品加工业	200	16608384	5.12	2.79	2.32
食品制造业	204	6364000	10.82	3.50	7.31

续表

行业	内蒙古能源消费总量（万吨标准煤）	内蒙古规模以上工业企业工业总产值（万元）	内蒙古/全国（能源消费）	内蒙古/全国（规模以上企业产出）	能源比重—产出比重
酒、饮料和精制茶制造业	60	2954397	3.73	1.95	1.79
烟草制品业	2	810184	0.83	0.98	-0.14
纺织业	19	4367764	0.26	1.21	-0.95
纺织服装、服饰业	6	810948	0.58	0.42	0.16
皮革、毛皮、羽毛及其制品和制鞋业	1	233510	0.22	0.19	0.04
木材加工和木、竹、藤、棕、草制品业	44	2374815	2.87	1.98	0.90
家具制造业	4	179358	1.49	0.28	1.22
造纸及纸制品业	25	946781	0.59	0.70	-0.11
印刷和记录媒介复制业	1	168264	0.25	0.32	-0.07
文教、工美、体育和娱乐用品制造业	1	341929	0.19	0.28	-0.09
石油加工、炼焦和核燃料加工业	740	7338419	3.84	1.80	2.04
化学原料和化学制品制造业	3488	14565431	7.91	1.91	6.01
医药制造业	132	2643708	6.04	1.28	4.75
化学纤维制造业	0	6044	0.01	0.01	-0.00
橡胶和塑料制品业	15	1294496	0.34	0.47	-0.14
非金属矿物制品业	813	8146434	2.22	1.59	0.63
黑色金属冶炼和压延加工业	3193	17231268	4.64	2.26	2.38
有色金属冶炼和压延加工业	1720	17900475	10.35	3.85	6.51
金属制品业	68	4490517	1.44	1.37	0.08

续表

行业	内蒙古能源消费总量（万吨标准煤）	内蒙古规模以上工业企业工业总产值（万元）	内蒙古/全国（能源消费）	内蒙古/全国（规模以上企业产出）	能源比重—产出比重
通用设备制造业	20	2027491	0.57	0.47	0.09
专用设备制造业	12	1909706	0.62	0.60	0.02
汽车制造业	9	2121276	0.30	0.35	-0.05
铁路、船舶、航空航天和其他运输设备制造业	1	433726	0.09	0.26	-0.17
电气机械和器材制造业	13	3200131	0.48	0.52	-0.04
计算机、通信和其他电子设备制造业	2	835887	0.06	0.11	-0.05
仪器仪表制造业	13	56236	3.98	0.07	3.91
其他制造业	5	104733	0.33	0.45	-0.12
废弃资源综合利用业	3	251381	1.93	0.75	1.18
金属制品、机械和设备修理业	0	31972	0.16	0.34	-0.18
电力、燃气及水生产和供应业	1195	20649470	4.25	3.42	0.83
电力、热力生产和供应业	1133	18864993	4.31	3.44	0.87
燃气生产和供应业	41	1499348	5.90	3.62	2.27
水的生产和供应业	21	285129	1.84	1.96	-0.13

（四）产业转型升级是继续推进节能减排的必然选择

仅从能源强度和工业增加值比重的关系看，以节能减排压力倒逼产业升级、以产业升级实现节能减排应该具有较大的空间，这是节能减排带来的产业升级的机遇。产业升级可以包括两方面的含义：一是产业结构调整，通过“退二进三”降低高耗能的工业比重；二是产业技术进步，表现在能耗方面就是通过节能装备、技术、生产流程，降低单位产出的能源消耗。内蒙古的工业增加值比重高于全国平均值 10 个百分点，能源强度也高于全国 0. 29 吨标准煤/万元，两方面看都有较大空间。

尽管笼统看有较大空间，但是，挑战也深藏其间。从经济发展与能源消费的关系来看，影响能源消费的因素无外乎三方面：经济规模、产业结构、技术水平决定的产业能源强度。

首先，地区要发展，尤其是作为处于追赶阶段的欠发达地区，经济规模还需要以更快的速度增长，而经济规模的快速扩大必然带来能源消费的绝对量增长。

其次，地区的产业结构演化既与经济发展阶段有关，也取决于地区的资源、能力，以及地区经济发展战略。内蒙古人力资本、技术水平不足，只有立足于资源开发并力图通过资源的本地转化，提升产业发展带来的收益。因此，近年来包括“十三五”规划中都是要重点发展重化工业，并且是装备投资额巨大的过程工业，即技术进步主要体现为装置设备投资的行业。

再次，技术节能潜力取决于向技术前沿逼近的程度。随着落后产能的逐步淘汰，以及近年新上项目对于节能减排要求的提升，内蒙古高耗能产业的节能空间将逐步缩小，技术节能的难度加大。难度加大的程度将在下文通过对于“十一五”和“十二五”能源消费“强度效应”的比较给出更明确的展现。

总体来看，在经济发展的刚性要求下，当重化工业的节能减排装置都达到了国内技术前沿的时候，节能减排将主要依靠产业结构调整，而内蒙古的经济增长与重化工业发展已经紧密地联系在了一起，在保持经济增速高于全国平均水平的“十三五”目标下，产业转型升级也将面临巨大的挑战。因此，近期以产业升级促进节能减排仍然有一定空间，而挑战在未来。

二　三次产业结构调整对于节能的影响分析

（一）内蒙古三次产业结构变动及未来调整趋势

“十一五”“十二五”期间，内蒙古地区生产总值的构成中，第一产业比重下降，第二产业比重上升，而第三产业比重基本保持不变。2005—2014年，第一产业比重下降了6个百分点；第二产业比重上升了6.5个百分点，其中，工业增加值比重上升了7.2个百分点。第二产业与工业比重最高的年份在2011年，其后有所下降。

根据国家统计局公布的《2014年国民经济和社会发展统计公报》，从全国来看，第一产业增加值占国内生产总值的比重为9.2%，第二产业增加值比重为42.6%，第三产业增加值比重为48.2%。与全国平均情况相比，作为传统农牧业大省的内蒙古自治区，第一产业的比重已经大幅下降到与全国基本持平，第二产业比重高于全国9.3个百分点，而第三产业比重低于全国9.2个百分点。

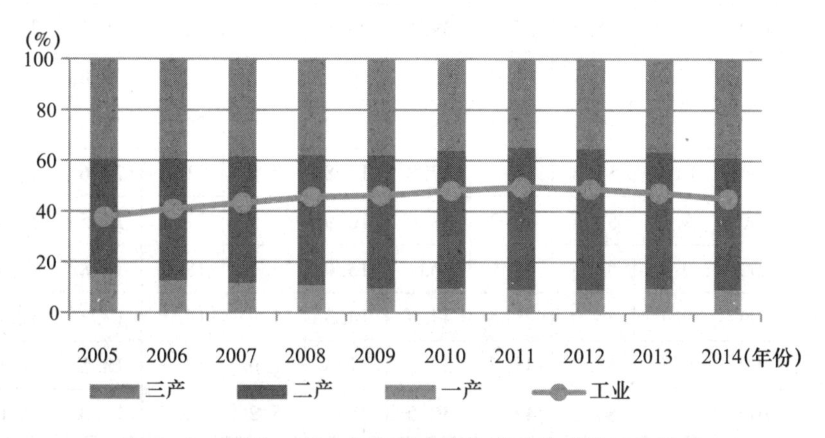

图5—3　2005—2014年内蒙古三次产业构成及工业比重

按照《内蒙古自治区党委关于制定国民经济和社会发展第十三个五年规划的建议》，“十三五”时期，内蒙古自治区经济社会发展的主要目标包括：经济中高速增长；消费对经济增长贡献显著提高；“五大基地”建设深入推进；城镇化内涵式发展、质量提高；人民生活水平和质量普遍提高，城乡居民收入达到全国平均水平。

“五大基地”是清洁能源输出基地，现代煤化工生产示范基地，有色金属加工和现代装备制造等新型产业基地，绿色农畜产品生产加工输出基地，体现草原文化、独具北疆特色的旅游观光、休闲度假基地。因此，“十三五”时期，内蒙古自治区第一产业的比重会继续下降，第三产业的比重明显上升，第二产业比重的变动幅度将远低于前十年，即经济发展对于第二产业增长的依赖将有所下降。

表 5—3 **内蒙古地区生产总值构成及增长率** （单位:%）

年份	生产总值构成（按当年价格计算）					增长率（按可比价格计算）				
	生产总值	第一产业	第二产业	工业	第三产业	生产总值	第一产业	第二产业	工业	第三产业
2005	100	15.1	45.4	37.8	39.5	23.8	9.1	34.9	38.5	18.1
2006	100	12.8	48.1	41.0	39.1	19.1	3.2	27.1	29.8	15.9
2007	100	11.9	49.7	43.3	38.4	19.2	3.9	26.0	28.3	16.0
2008	100	10.7	51.5	45.7	37.8	17.8	7.5	21.6	23.6	15.8
2009	100	9.5	52.5	46.2	38.0	16.9	2.3	21.1	20.5	15.0
2010	100	9.4	54.5	48.1	36.1	15.0	6.1	18.2	18.8	12.4
2011	100	9.1	56.0	49.5	34.9	14.3	5.9	17.1	17.3	12.4
2012	100	9.1	55.4	48.7	35.5	11.5	5.6	13.3	13.5	10.0
2013	100	9.5	54.0	47.2	36.5	9.0	5.2	10.7	11.3	7.1
2014	100	9.1	51.9	45.0	39.0	7.8	3.1	9.1	9.5	6.7
2020		7	51	46	42					

在内蒙古的能源消费总量中，生活能源消费仅占10%左右，而第二产业所消费的能源占比超过70%，其中绝大部分为工业生产所消费（建筑业能源消费仅占1%—2%）。因此，三次产业结构变化对于节能减排的影响，主要体现在第二产业比重，尤其是工业比重及其内部结构上。

（二）“十一五”“十二五”期间能源强度的影响因素分析

地区经济的能源强度 I 是由两方面因素决定的：一是以各产业能源强度 I_i 表征的能源效率因素；二是以各产业在GDP中比重 S_i 表征的产业结构因素，即：

$$I = \sum_{i=1}^{N} (I_i * S_i) \tag{1}$$

因而，$\Delta I = \sum_{i=1}^{N} (I_{i,t} * S_{i,t}) - \sum_{i=1}^{N} (I_{i,0} * S_{i,0})$　　(2)

$S_{i,t}$、$S_{i,0}$ 分别是 t 年、基年 i 行业增加值占GDP比重，$I_{i,t}$、$I_{i,0}$ 分别是 t 年、基年 i 行业的能源强度。

$$\Delta I = \sum_{i=1}^{N} \Delta I_i * S_{i,0} + \sum_{i=1}^{N} I_{i,0} * \Delta S_i + \sum_{i=1}^{N} \Delta I_i * \Delta S_i \tag{3}$$

即，能源强度变化可以分解为三部分：第一部分是当产业结构保持不变时，技术进步所导致的能源强度变化；第二部分是当分行业节能技术（体现为三次产业各自的能源强度）不变时，产业结构变化所导致的能源强度变化；第三部分是产业结构和能源效率共同变化所导致的能源强度变化，这一项又称为残余项。残余项是结构因素和技术因素所共同创造的，按照能源领域著名学者J. W. Sun提出并完善的“能源强度变化的完全分解模型”，残余项可按照“共同创造，平等分配”的原则均等分到结构因素和效率因素中。

地区能源强度的因素分解需要两个原始数据：一是产业的能源消费量 E_i，另一个是产业的增加值 Y_i。数据来源及其处理说明如下：（1）三次产业的能源消费来自《内蒙古统计年鉴》中相关年份的《综合能源平衡表》，2013年三次产业的能源消费占内蒙古能源消费总量的86%，其中，第二产业占71%。(2）三次产业的增加值根据《内蒙古统计年鉴》(2013.2006）中的《生产总值》《生产总值构成》《生产总值指数》计算。增加值需要采用不变价格，在当年价生产总值及其指数基础上，得到2010年不变价格下的历年地区生产总值，再利用生产总值指数，分别得到第一产业、第二产业和第三产业的可比价增加值。(3）利用前面得到的数据，计算三次产业各自的可比价能源强度如下。可以发现，第一产业的单位增加值能耗最低，第三产业略高于第一产业，第二产业最高，接近第一产业的5倍。同时，第二产业也是单位增加值能耗下降幅度最大的产业部门。

表5—4 **内蒙古三次产业的单位增加值能耗**（单位：吨标准煤/万元）

	2005年	2010年	2013年
第一产业	0.41	0.47	0.35
第二产业	2.99	1.85	1.66
第三产业	0.62	0.66	0.58
单位GDP能耗	1.66	1.29	1.14

注：按照2010年不变价计算。

下面利用“十一五”“十二五”期间内蒙古自治区三次产业的增加值、能源消费数据，分析产业结构变动和技术进步对能源强度变化的贡献。

如表5—5所示，(1）2005—2010年，内蒙古单位增加值的产业能耗下降了0.3717吨标准煤/万元，其中，技术因素促进了单位增加值能耗的下降，其贡献率达到147%，而结构因素却导致单位增加值产业能耗上升，并部分抵消了技术因素的节能作用。主要原因在于，单位增加值能耗最高的第二产业，其占GDP

比重提高了近10个百分点。（2）2010—2013年，内蒙古单位增加值的产业能耗下降了0.1533吨标准煤/万元，其中，技术因素仍然是促进单位增加值能耗下降的主导因素，但其贡献率下降到95%，而结构因素也促进了单位增加值产业能耗下降，尽管其贡献率仅为个位数。

表5—5　**内蒙古能源强度变动的因素分解（三次产业层次）**

阶段（年）	能源强度变动（吨标准煤/万元）	技术因素		结构因素	
		贡献值（吨标准煤/万元）	贡献率（%）	贡献值（吨标准煤/万元）	贡献率（%）
2005—2010	-0.3717	-0.5460	146.88	0.1785	-46.88
2010—2013	-0.1533	-0.1464	95.49	-0.0075	4.51

（三）“十一五”“十二五”期间能源消费总量的影响因素分析

一个地区的能源消费量是总体经济规模、产业结构和节能技术水平共同作用的结果：

能源消费总量 = *f*（经济规模因素，结构因素，技术因素）

$$E_t = \sum_i E_{i,t} = \sum_i Y_t * \frac{Y_{i,t}}{Y_t} * \frac{E_{i,t}}{Y_{i,t}} = \sum_i Y_t * S_{i,t} * I_{i,t} \qquad (4)$$

Y_t代表t年地区国内生产总值，E_t代表t年地区能源消费总量，$E_{i,t}$代表t年i行业能源消费量，$Y_{i,t}$代表t年i行业增加值，$S_{i,t}$是t年i行业增加值占GDP比重，$I_{i,t}$是t年i行业的能源强度。

首先采用对数平均迪氏指数法（LMDI），计算三次产业的规模效应、结构效应和强度效应，从而对内蒙古自治区能源消费进行分解研究。根据LMDI模型，t年（目标年）和0年（基准年）的能源消费差值称为总效应，用ΔE_{tot}表示，

ΔE_{tot}由三部分组成：由生产规模扩大或者缩小产生的规模效应ΔE_{pdn}，由经济结构调整导致能耗变化的结构效应ΔE_{str}，由能

源强度改变而引起的强度效应 ΔE_{int}。因此：

$$\Delta E_{tot} = E_t - E_{t0} = ?E_{pdn} + ?E_{str} + ?E_{int} \tag{5}$$

$$\Delta E_{pdn} = \sum_i L(E_{i,t}, E_{i,0}) \ln(Y_t / Y_0) \tag{6}$$

$$\Delta E_{str} = \sum_i L(E_{i,t}, E_{i,0}) \ln(S_{i,t} / S_{i,0}) \tag{7}$$

$$\Delta E_{int} = \sum_i L(E_{i,t}, E_{i,0}) \ln(I_{i,t} / I_{i,0}) \tag{8}$$

$$L(E_{i,t}, E_{i,0}) = (E_{i,t} - E_{i,0}) / \ln(E_{i,t} / E_{i,0}) \tag{9}$$

计算某一个行业的三种效应按式（6）（7）（8）：

$$\Delta E_{i,pdn} = \frac{(E_{i,t} - E_{i,0})}{(\ln E_{i,t} - \ln E_{i,0})} \ln(Y_t / Y_0) \tag{10}$$

$$\Delta E_{i,str} = \frac{(E_{i,t} - E_{i,0})}{(\ln E_{i,t} - \ln E_{i,0})} \ln(S_{i,t} / S_{i,0}) \tag{11}$$

$$\Delta E_{i,int} = \frac{(E_{i,t} - E_{i,0})}{(\ln E_{i,t} - \ln E_{i,0})} \ln(I_{i,t} / I_{i,0}) \tag{12}$$

下面利用“十一五”“十二五”期间内蒙古自治区三次产业的增加值、能源消费数据，分析经济增长、产业结构变动和技术进步对能耗总量增长的贡献。根据前面公式（10）（11）（12），得到内蒙古自治区“十一五”“十二五”期间能源消费总量增长的因素分解结果。可以看出：

（1）2005—2010 年，内蒙古三次产业能源消费总额增长了 6445.37 万吨标准煤，其中，经济规模增长和三次产业结构变化都是导致能源消费增长的因素，而节能技术进步则在抑制能源消费增长中发挥了巨大作用，从贡献率看，规模效应为 145.2%，结构效应为 20.5%，强度效应为 -65.7%。从三次产业来看，第二产业是能源消费增长额的主要来源，其规模效应、结构效应均导致了能源消费的增长，但第二产业也是三次产业中唯一的单位产出能耗下降的产业。

（2）2010—2013 年，内蒙古三次产业能源消费总额增长了 3381.57 万吨标准煤，其中，仅有经济规模增长是导致能源消费增长的因素，而节能技术进步继续在抑制能源消费增长中发挥了巨大作用，同时结构效应也开始成为抑制能源消费增长的因素，从贡献率看，规模效应为162.4%，结构效应为-2.8%，强度效应为-59.6%。从三次产业来看，第二产业仍然是能源消费增长额的主要来源，其规模效应导致了能源消费的增长，但结构效应、强度效应发挥了抑制能源消费增长的作用，强度效应的贡献率有所下降。

表5—6　　能源消费总量增长的因素分解

年份		能源消费总额增长量	规模效应	结构效应	强度效应
数量（万吨标准煤）					
2005—2010	第一产业	194.68	331.57	-194.58	57.69
	第二产业	4746.36	7465.44	1690.71	-4409.79
	第三产业	1504.32	1563.89	-175.52	115.95
	合计	6445.36	9360.90	1320.61	-4236.15
2010—2013	第一产业	20.50	172.32	6.56	-158.38
	第二产业	2725.97	4306.28	-142.70	-1438.61
	第三产业	635.09	1013.91	39.84	-418.66
	合计	3380.56	5492.51	-96.30	-2015.65
贡献率（%）					
2005—2010	第一产业	100.0	170.3	-99.9	29.6
	第二产业	100.0	157.3	35.6	-92.9
	第三产业	100.0	104.0	-11.7	7.7
	合计	100.0	145.2	20.5	-65.7
2010—2013	第一产业	100.0	840.6	32.0	-772.6
	第二产业	100.0	158.0	-5.2	-52.8
	第三产业	100.0	159.6	6.3	-65.9
	合计	100.0	162.4	-2.8	-59.6

（3）经济规模的增长必然带来能源消费增长，综合两个时期的影响因素及其变化来看，第二产业在地区节能减排中发挥着举足轻重的作用，技术进步导致的单位产出能耗下降是抑制能源消费增长的第一因素，三次产业结构的变化（更确切说是第二产业比重下降）也在“十二五”时期开始发挥抑制能源消费增长作用。

三　工业内部结构调整对于节能的影响分析

（一）内蒙古工业结构变动及未来调整趋势

“十一五”“十二五”期间，内蒙古自治区的工业结构进一步趋向重型化，重工业占比从2005年的73.42%上升到2013年的80.57%。受煤炭工业大发展的影响，采掘业比重上升，从16.36%提高到29.65%；制造业比重下降，从68.95%下降到60.08%。六大高耗能工业的比重从48.32%下降到41.82%。从已有的工业结构变动来看，是朝向有利于节能减排方向发展的。

表5—7　2005—2013年内蒙古工业结构变动情况（现价）　（单位:%）

年份	2005	2010	2013	2020预计
全部工业	100	100	100	
其中：轻工业	26.58	21.11	19.43	
重工业	73.42	78.89	80.57	
其中：采掘业	16.36	26.01	29.65	26
制造业	68.95	61.35	60.08	
电力、热力、燃气、水生产供应	14.69	12.64	10.27	
其中：六大高耗能工业	48.32	41.96	41.82	44
石油加工、炼焦及核燃料加工业	2.96	2.83	3.65	
化学原料和化学制品制造业	5.12	5.81	7.25	
非金属矿物制品业	3.02	4.17	4.05	
黑色金属冶炼和压延加工业	17.97	9.35	8.57	
有色金属冶炼和压延加工业	5.77	9.54	8.91	
电力、热力生产和供应业	13.48	1.26	9.39	

《“十三五”规划》提出建设“五大基地”，其中重点发展的能源、煤化工、有色金属都是高耗能产业。这些行业投资期较长，2012 年以来，石油加工炼焦和核燃料加工业、化学原料和化学制品制造业、非金属矿物制品业、黑色金属冶炼和压延加工业、有色金属冶炼和压延加工业的固定资产投资完成额占制造业的 50% 左右，电力、热力生产和供应业固定资产投资完成额也相当于制造业的 20% 以上，2015 年更高达 30% 以上。因此，从近几年的投资完成情况可以看出，高耗能行业，尤其是单位产值能耗较高的化工、有色金属、电力行业在“十三五”时期生产能力仍将处于较快增长之中。

表 5—8　内蒙古六大高耗能工业固定资产投资完成额占制造业投资比例（单位:%）

时间	(1) 石油加工、炼焦和核燃料加工业	(2) 化学原料和化学制品制造业	(3) 非金属矿物制品业	(4) 黑色金属冶炼和压延加工业	(5) 有色金属冶炼和压延加工业	(1) —(5) 合计	(6) 电力、热力生产和供应业
2012	4.39	19.51	9.18	5.65	12.22	50.95	21.68
2013	4.41	22.89	7.57	6.24	11.34	52.45	21.24
2014	4.20	20.54	8.72	6.36	11.08	50.90	25.49
2015.01—2015.09	0.03	22.69	6.61	6.26	12.43	48.02	35.32

（二）“十一五”“十二五”期间工业能源强度的影响因素分析

在实证分析工业内部结构变化对于节能减排的影响时，受数据可得性的限制，需要对产业的能源消费量E_i、产出Y_i的统计口径和指标进行相应调整。（1）产业的能源消费量E_i和产出Y_i需要有一致的统计口径，由于《内蒙古统计年鉴》仅同时提供了规模以上企业的分行业能源消费量和产出数据，因此，统计口径调整为规模以上工业企业。（2）产业的产出 Y_i 使用工业总产值数据，因此我们将得到单位产值能耗，而不是标准意义上的能源强度（单位增加值能耗）。（3）时间序列为2008—2013年，因为《内蒙古统计年鉴》提供的“规模以上工业分行业综合能源消费”数据始于2008年。

数据来源及其处理说明如下：（1）各工业行业的能源消费来自《内蒙古统计年鉴》中相关年份的《规模以上工业分行业综合能源消费》表。（2）各工业行业的当年价工业总产值来源于《内蒙古统计年鉴》中的《规模以上工业企业工业总产值》。利用“中经数据库”提供的我国历年“工业生产者出厂价格指数（上年=100）_采掘”“工业生产者出厂价格指数（上年=100）_原材料”“工业生产者出厂价格指数（上年=100）_加工”，分别将采掘工业、高耗能工业、其他工业的工业总产值调整为2010年不变价。（3）利用“中经数据库”提供的我国历年分行业工业生产者出厂价格指数，将六大高耗能工业的工业总产值调整为2010年可比价格。

表5—9 **规模以上工业企业单位产值能耗** （单位：吨标准煤/万元）

年份	2005	2008	2013
采掘业	0.53	0.40	0.35
六大高耗能工业	2.01	1.63	1.47
石油加工、炼焦和核燃料加工业	1.44	1.29	1.18
化学原料和化学制品制造业	2.30	1.75	1.67
非金属矿物制品业	1.51	0.95	0.65
黑色金属冶炼和压延加工业	1.44	1.43	1.16
有色金属冶炼和压延加工业	0.74	0.55	0.51
电力、热力生产和供应业	4.04	3.13	2.96
其他工业	0.22	0.14	0.10

注：已经调整为2010年不变价格。

计算得到的内蒙古采掘业、高耗能工业、其他工业的可比价单位工业增加值能耗如表5—10。可见，内蒙古工业各行业的单位产值能耗差距极大，以2013年为例，采掘业为3.35吨标准煤/万元，六大高耗能工业为1.47吨标准煤/万元，而其他工业行业（包括轻工业、装备制造业等）仅为0.1吨标准煤/万元。而六大高耗能工业中，又以电力、化学原料和化学制品为最高。

表5—10　　2013年国内主要高耗能产品单位能耗

火电厂供电煤耗（千克标准煤/千度）	钢可比能耗（千克标准煤/吨）	电解铝交流电耗（千瓦时/吨）	水泥（千克标准煤/吨）	乙烯（千克标准煤/吨）	合成氨（千克标准煤/吨）
327	662	13740 1689（千克标准煤/吨）	125	879	1532

注：电力折标准煤系数为0.1229千克标准煤/千瓦时。

资料来源：《中国能源统计年鉴》（2014）。

按照前面公式（3），利用2008—2013年内蒙古自治区规模以上工业企业数据，首先将工业行业分为采掘业、六大高耗能工业、其他工业三部分，分析产业结构变动和技术进步对工业单位产值能源消耗变化的贡献。如表5—11所示，“十二五”时期，规模以上工业企业的单位产值能源消耗下降幅度明显缩小，与“十一五”时期一样，技术因素仍然是推动单位产值能耗下降的主导力量，但高耗能工业比重下降趋势的明显缓解使得结构因素产生了微弱的提升单位产值能耗的作用。如果“十三五”时期高耗能工业占工业的比重出现上升，则结构因素将对能源强度下降产生更大的负面影响。

表5—11 内蒙古规模以上工业能源强度变动因素分解（基于采掘业、高耗能工业、其他工业的划分）

阶段（年）	工业单位产值能耗变动（吨标准煤/万元）	技术因素		结构因素	
		贡献值（吨标准煤/万元）	贡献率（%）	贡献值（吨标准煤/万元）	贡献率（%）
2008—2010	-0.3056	-0.2218	72.57	-0.0838	27.43
2010—2013	-0.0899	-0.0923	102.61	0.0024	-2.61

其次，分析六大高耗能工业的结构变动和技术进步对高耗能工业单位产值能源消耗变化的贡献。如表5—12所示，与表5—11工业结构变动的影响相似，“十二五”时期，规模以上高耗能工业企业的单位产值能源消耗下降幅度也明显缩小，技术因素是推动单位产值能耗下降的主导力量。与工业整体结构变动的影响有所不同的是，六大高耗能工业之间结构的变化均推动了单位产值能耗下降，其中，电力工业比重的下降是推动高耗能工业单位产值能耗下降的主导力量，而化工产业比重的上升则对高耗能工业单位产值能耗下降起到了较大的负面作用。

表5—12 内蒙古规模以上高耗能工业能源强度变动的因素分解（基于六大高耗能工业结构变动）

阶段（年）	高耗能工业单位产值能耗变动（吨标准煤/万元）	技术因素		结构因素	
		贡献值（吨标准煤/万元）	贡献率（%）	贡献值（吨标准煤/万元）	贡献率（%）
2008—2010	-0.4288	-0.3921	91.45	-0.0367	8.55
2010—2013	-0.2007	-0.1598	79.59	-0.0410	20.41

（三）“十一五”“十二五”期间工业能源消费总量的影响因素分析

1. 规模以上工业企业综合能源消费量变动情况

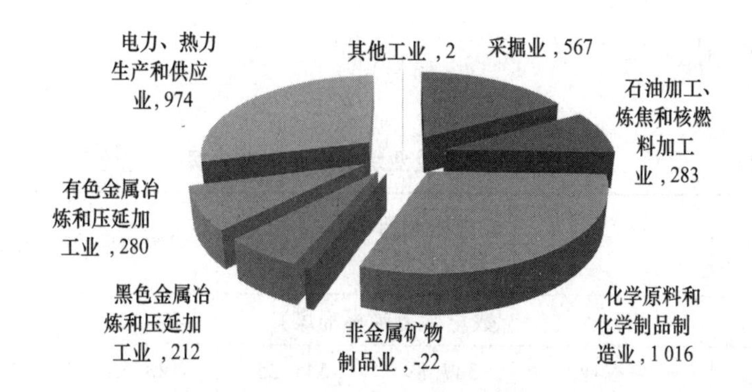

图 5—4 2010—2013 年规模以上工业综合能源消费增长量（万吨标准煤）

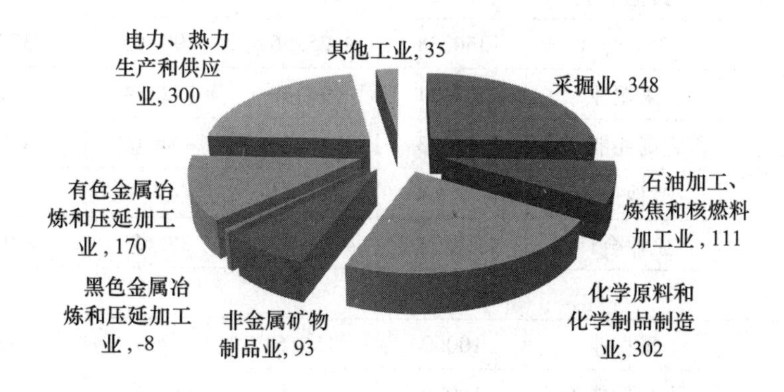

图 5—5 2008—2010 年规模以上工业综合能源消费增长量（万吨标准煤）

2. 基于工业结构变动的分析

利用能耗 LMDI 模型分解工业各行业能源消费，首先将工业行业分为采掘业、高耗能工业、其他工业三类。从 2008—2013 年规模以上工业能源消费总量增长的因素分解结果可以看出：

（1）2008—2010 年，内蒙古规模以上工业企业能源消费总额增长了 1350 万吨标准煤，其中，仅有产业规模增长是导致能源消费增长的因素，而节能技术进步则在抑制能源消费增长中发挥了巨大作用，从贡献率看，规模效应为 342%，结构效应为 -66.5%，强度效应为 -176%。其中，高耗能产业是工业能源消费增长额的主要来源，但在 2008—2010 年间其产值比重出现了较大幅度下降，导致在此期间结构效应与技术效应均发挥了重要的节能作用。

表 5—13 **规模以上工业企业综合能源消费分解**

年份		综合能源消费增长量	规模效应	结构效应	强度效应
数量（万吨标准煤）					
2008—2010	采掘业	347.89	541.25	128.85	-322.21
	六大高耗能工业	967.92	3831.40	-1083.31	-1780.16
	其他工业	34.57	253.31	56.06	-274.80
	工业合计	1350.38	4625.96	-898.40	-2377.17
2010—2013	采掘业	567.41	626.43	172.34	-231.37
	六大高耗能工业	2743.73	3919.74	-86.02	-1089.98
	其他工业	1.64	221.45	-47.63	-172.17
	工业合计	3312.78	4767.62	38.69	-1493.52
贡献率（%）					
2008—2010	采掘业	100.0	155.6	37.0	-92.6
	六大高耗能工业	100.0	395.8	-111.9	-183.9
	其他工业	100.0	732.7	162.2	-794.9
	工业合计	100.0	342.6	-66.5	-176.0
2010—2013	采掘业	100.0	110.4	30.4	-40.8
	六大高耗能工业	100.0	142.9	-3.1	-39.7
	其他工业	100.0	13512.7	-2906.6	-10506.1
	工业合计	100.0	143.9	1.2	-45.1

（2）2010—2013 年，内蒙古规模以上工业企业能源消费总额增长了 3313 万吨标准煤，增幅远超“十一五”同期。与 2008—2010 年相似，仅有产业规模增长是导致能源消费增长的因素，而节能技术进步则在抑制能源消费增长中发挥了巨大作用。但是，强度效应的贡献率大幅下降。

（3）综合两个时期的影响因素及其变化来看，工业经济规模的增长必然带来能源消费增长，技术进步导致的行业单位产出能耗下降是抑制能源消费增长的第一因素，六大高耗能工业占工业比重的下降，曾经在“十一五”时期发挥了重要的抑制能源消费增长的作用，但在“十二五”时期这种作用基本消失殆尽。六大高耗能工业是工业能源消费量增长的最重要来源，是采掘业能耗增长的数倍，而其他工业增加的能源消费量则微乎其微。

3. 基于高耗能工业结构变动的分析

六大高耗能工业能源消费量的增长，是“十二五”时期内蒙古能源消费量增长的最主要来源，占2010—2013年规模以上工业企业综合能源消费量增长的83%，也是“十二五”时期工业能源消费量较前一时期加速增长的根源。下面利用能耗LMDI模型分解高耗能工业综合能源消费增长量，从2008—2013年的因素分解结果可以看出：

（1）2008—2010年，内蒙古六大高耗能工业综合能源消费量增长了968万吨标准煤，其中，仅有产业规模增长是导致能源消费增长的因素，而节能技术进步则在抑制能源消费增长中发挥了巨大作用，从贡献率来看，规模效应为309%，结构效应为-18%，强度效应为-191%。其中，化工、电力工业是能源消费增长的主要来源，但钢铁行业的比重下降、电力工业技术进步带来的单位发电量能耗降低对于节能发挥了重要作用。

（2）2010—2013年，内蒙古六大高耗能工业综合能源消费量增长了2744万吨标准煤，其中，仅化工行业就增长了1016万吨标准煤。期间，产业规模增长是导致能源消费增长的因素，节能技术进步则继续在抑制能源消费增长中发挥巨大作用，但强度效应贡献率从2008—2010年的-191%上升为-40%。钢铁行业的单位产值能耗下降、电力工业的比重下降对于节能发挥了重要作用（见表5—13、表5—14）。

（3）两期综合看，对于高耗能工业，对节能发挥重要作用的强度效应在降低，即技术节能的作用呈现下降趋势。其中，化工行业的规模增长、比重提高对于高耗能工业的能耗增长起到了越来越重要的作用，其重要性已经超过产业规模更大的电力工业。并且，化工行业强度效应出现了明显的下降，这可能与内蒙古的化工产业正日益偏向发展更高单位产值能耗的煤化工大发展有关。

表 5—14 **规模以上高耗能工业企业综合能源消费分解**

年份		综合能源消费增长量	规模效应	结构效应	强度效应
数量（万吨标准煤）					
2008—2010	石油加工、炼焦和核燃料加工业	111.26	148.05	12.06	-48.85
	化学原料和化学制品制造业	302.19	415.26	218.06	-331.13
	非金属矿物制品业	92.71	165.65	150.47	-223.40
	黑色金属冶炼和压延加工业	-7.93	620.23	-622.08	-6.08
	有色金属冶炼和压延加工业	170.03	213.00	135.47	-178.44
	电力、热力生产和供应业	299.66	1430.42	-71.40	-1059.36
	合计	967.92	2992.62	-177.44	-1847.27
2010—2013	石油加工、炼焦和核燃料加工业	282.87	242.69	93.29	-53.12
	化学原料和化学制品制造业	1016.44	715.75	391.63	-90.94
	非金属矿物制品业	-21.53	203.24	-30.11	-194.65
	黑色金属冶炼和压延加工业	211.69	745.86	-132.27	-401.90
	有色金属冶炼和压延加工业	279.98	329.40	22.53	-71.96
	电力、热力生产和供应业	974.27	1873.77	-619.68	-279.81
	合计	2743.73	4110.71	-274.60	-1092.38

续表

年份		综合能源消费增长量	规模效应	结构效应	强度效应
贡献率（%）					
2008—2010	石油加工、炼焦和核燃料加工业	100.0	133.1	10.8	-43.9
	化学原料和化学制品制造业	100.0	137.4	72.2	-109.6
	非金属矿物制品业	100.0	178.7	162.3	-241.0
	黑色金属冶炼和压延加工业	100.0	-7821.3	7844.5	76.7
	有色金属冶炼和压延加工业	100.0	125.3	79.7	-104.9
	电力、热力生产和供应业	100.0	477.4	-23.8	-353.5
	合计	100.0	309.2	-18.3	-190.8
2010—2013	石油加工、炼焦和核燃料加工业	100.0	85.8	33.0	-18.8
	化学原料和化学制品制造业	100.0	70.4	38.5	-8.9
	非金属矿物制品业	100.0	-944.2	139.9	904.3
	黑色金属冶炼和压延加工业	100.0	352.3	-62.5	-189.8
	有色金属冶炼和压延加工业	100.0	117.7	8.0	-25.7
	电力、热力生产和供应业	100.0	192.3	-63.6	-28.7
	合计	100.0	149.8	-10.0	-39.8

四　产业结构调整对于碳排放的影响分析

为了应对全球气候变暖，我国政府在2009年主动做出国际承诺，到2020年中国碳排放强度比2005年降低40%—45%。内蒙古是化石能源消费大省，现代工业社会活动对于大气温室气体的影响，主要来自化石能源的使用。化石能源在燃烧和转化过程中会产生大量温室气体和污染物，因此，节能的一个重要目的就是降低CO_2排放量。

（一）一次能源结构对碳排放的影响

将问题简化来看，化石能源消耗所产生的CO_2，决定于两个因素，一是化石能源的消费总量，二是化石能源的消费结构。即：

CO_2排放总量 = f（能源消费总量，能源消费结构）

因为，不同化石能源单位消费量所产生的CO_2排放量不同。在煤炭、石油、天然气中，煤炭的CO_2排放因子是最高的（见表5—15）。

表5—15　**化石燃料燃烧过程CO_2排放因子**（单位：吨CO_2/吨标准煤）

	煤炭	石油	天然气
CO_2排放因子	2.64	2.08	1.63

内蒙古的能源消费结构是以煤为主，近年来煤炭消费占一次能源的比重一直在87%左右，水电、风电等非化石能源占比尽管增长较快，但2013年仅占能源消费总量的2.17%（见表5—16）。

与能源消费量直接来自统计数据不同，CO_2排放量需要按照一定范围和标准进行估算，而对碳排放量估算的方法有多种。学术界一般利用各年份化石能源的实物消费量，折算为标准煤，再乘以各化石能源的CO_2排放因子，在得到分能源品种的CO_2排放量基础上加总得到地区CO_2排放量。但在折算为标准煤和乘以各化石能源的CO_2排放因子过程中，所隐含的假设太过强烈，如电煤均按 0.7143 千克标准煤/千克折算为标准煤，假设所有化石能源均用于燃烧，这些假设与内蒙古的能源消费实际存在较大出入。因此，本书没有测算内蒙古的 CO_2 排放量，而采用了自治区统计局的 2013—2014 年测算数据。

表 5—16　　**内蒙古能源消费总量及构成（当量值）**

年份	能源消费总量（万吨标准煤）	占能源消费总量的比重（%）			
		煤炭	石油	天然气	水电、核电和其他能发电
2005	10788.37	90.44	8.60	0.78	0.17
2006	12835.27	89.67	8.64	1.49	0.20
2007	14703.32	88.79	8.35	2.40	0.46
2008	16407.63	88.09	8.99	2.47	0.44
2009	17473.68	86.36	9.10	3.37	1.17
2010	18882.66	86.60	8.96	3.02	1.42
2011	21148.52	87.08	9.15	2.34	1.43
2012	22103.30	87.59	8.36	2.30	1.75
2013	22657.49	87.63	7.74	2.46	2.17

按照《国家发改委办公厅关于开展 2014 年度单位国内生产总值 CO_2 排放降低目标责任考核评估的通知》（发改办气候〔2015〕958 号），自治区统计局测算的 2013 年、2014 年 CO_2 排放数据如表 5—17。CO_2 排放核算的范围是化石燃料燃烧过程产生的 CO_2 排放量。

对表 5—16 数据进行整理，得到 2013—2014 年内蒙古燃烧用化石能源消费量及 CO_2 排放情况（见表 5—17）。以 2014 年为例，在 CO_2 排放量的一次能源来源中，煤炭消费量占 91%，而煤炭消费形成的 CO_2 排放量占 93%（见表 5—18），都较上年有微弱提高。可见，目前煤炭消费在内蒙古 CO_2 排放量中居于举足轻重的地位，其重要性尚未出现下降趋势。因此，对产业结构调整影响 CO_2 排放的分析，可以转化为对产业结构调整影响煤炭实物消费的分析。

表 5—17　　2014 年内蒙古化石燃料燃烧过程的 CO_2 排放数据

	单位	2013 年	2014 年
煤炭消费量	万吨标准煤	18698	19388
煤炭消费产生的 CO_2 排放量	万吨 CO_2	49363	51183
油品消费量	万吨标准煤	1448	1369
油品消费产生的 CO_2 排放量	万吨 CO_2	3011	2847
天然气消费量	万吨标准煤	584	599
天然气消费产生的 CO_2 排放量	万吨 CO_2	952	977
内蒙古 CO_2 排放量	万吨 CO_2	53327	55007
外省调入电力量	万千瓦时	117764	164768
外省调入电力量蕴含的 CO_2 排放量	万吨 CO_2	89	113
本省电力调出量	万千瓦时	14535158	14602610
本省电力调出蕴含的 CO_2 排放量	万吨 CO_2	13506	13569
内蒙古 CO_2 排放核算量	万吨 CO_2	39909	41552

注：计算公式是：CO_2 排放量 = 燃煤排放量 + 燃油排放量 + 燃气排放量 + $\sum_j$ 从第 j 个省级电网调入电力所含的 CO_2 排放量 − 本地区电力调出所含的 CO_2 排放量。其中：

燃煤排放量 = 当年煤炭消费量 × 燃煤综合排放因子

燃油排放量 = 当年油品消费量 × 燃油综合排放因子

燃气排放量 = 当年天然气消费量 × 燃气综合排放因子

调入（调出）电力所含的 CO_2 排放量 = 调入（调出）电量 × 调出（本）省级电网供电平均 CO_2 排放因子

资料来源：内蒙古统计局《2014 年内蒙古 CO_2 排放数据核查表》。

表 5—18　　内蒙古燃烧用化石能源消费量及 CO_2 排放

年份	内蒙古燃烧用化石能源消费量(万吨标准煤)	煤炭燃烧消费量(万吨标准煤)	油品燃烧消费量(万吨标准煤)	天然气燃烧消费量(万吨标准煤)	煤炭消费比例(%)	油品消费比例(%)	天然气消费比例(%)
2013 年	20730	18698	1448	584	90. 20	6. 98	2. 82
2014 年	21356	19388	1369	599	90. 78	6. 41	2. 81
年份	内蒙古 CO_2 排放量（万吨 CO_2）	煤炭消费产生的 CO_2 排放量（万吨 CO_2）	油品消费产生的 CO_2 排放量（万吨 CO_2）	天然气消费产生的 CO_2 排放量（万吨 CO_2）	煤炭消费产生的 CO_2 排放比例（%）	油品消费产生的 CO_2 排放比例（%）	天然气消费产生的 CO_2 排放比例（%）
2013 年	53327	49363	3011	952	92. 57	5. 65	1. 79
2014 年	55007	51183	2847	977	93. 05	5. 18	1. 78

（二）产业结构调整对煤炭消费量的影响

1. 三次产业结构调整对煤炭消费量的影响

利用前面计算得到的 2010 年可比价三次产业增加值数据，以及《内蒙古统计年鉴》中《分行业能源消费总量和主要能源品种消费量》表中提供的煤炭消费实物量，得到三次产业的单位增加值煤炭消费量，如表 5—19 所示。与全部能源消费情况相比，煤炭消费更加集中于第二产业，与第一产业、第三产业的消费强度也差距更大。

表 5—19　　内蒙古三次产业的单位增加值煤耗　　（单位：吨煤/万元）

	2005 年	2010 年	2013 年
第一产业	0. 1633	0. 2485	0. 3003
第二产业	5. 2804	3. 7081	3. 8646
第三产业	0. 2615	0. 4037	0. 3907
单位 GDP 消耗	2. 5257	2. 1918	2. 2569

注：按照 2010 年不变价计算。

同样采用对数平均迪氏指数法（LMDI），在三次产业层面上对煤炭消费增长因素进行分解。2005—2010年，内蒙古煤炭实物消费量增长了12473万吨，其中，GDP增长带来的规模效应贡献率为121%；三次产业结构调整的贡献率为24%，即“十一五”时期第二产业比重的增加同样是带动煤炭消费量增长的重要因素；而强度效应，即第二产业单位增加值煤耗的大幅下降，则对抑制这一时期煤炭消费增长发挥了重要作用。进入“十二五”的2010—2013年，内蒙古煤炭实物消费量增长了11008万吨，其中，GDP增长带来的规模效应贡献率为92%；三次产业结构调整的贡献率为-2.5%，因为第二产业比重出现了微弱下降；而第二产业单位增加值煤耗上升，导致强度效应贡献率为10.7%（见表5—20）。

综合两个时期变动趋势看，经济规模增长是煤炭消费增长的最重要推力，第二产业单位增加值煤耗在进入“十二五”由下降转为上升，则导致技术进步的节能作用消失；而三次产业结构变动中，第二产业比重是上升或是下降是导致煤炭消费量增减的关键。

表5—20 **煤炭消费量增长的因素分解**

年份	煤炭消费增长量	规模效应	结构效应	强度效应
数量（万吨）				
2005—2010	12473.08	15101.48	3017.415	-5645.82
2010—2013	11007.81	10107.27	-276.981	1177.521
贡献率（%）				
2005—2010	100	121.07	24.19	-45.26
2010—2013	100	91.82	-2.52	10.70

2. 工业行业结构调整对煤炭消费量的影响

一次能源消费主要在工业行业进行，2013 年，内蒙古煤炭消费量为 3.83 亿吨，其中工业煤炭消费占 87.76%。下面，利用规模以上工业企业数据，将工业部门分为采掘业（在内蒙古该行业主体是煤炭开采和洗选业）、石油加工炼焦和核燃料加工业、化学原料及化学制品制造业、非金属矿物制品业、黑色金属冶炼及压延加工业、有色金属冶炼及压延加工业、电力热力的生产和供应业、其他工业八部门，分析工业经济规模增长、产业结构变动、技术进步对于煤炭消费量增长的影响。

数据来源和处理：（1）经济规模采用全口径工业总产值，在《内蒙古统计年鉴》提供的《工业总产值》《工业总产值指数》基础上，得到 2010 年可比价格的 2005—2013 年工业总产值数据。利用规模以上工业企业的产业结构数据，将全口径的工业总产值分解到各个工业行业，其基本假设是全口径工业企业产值结构与规模以上工业企业产值结构相同。（2）产业结构在规模以上工业企业的工业总产值数据基础上，利用各行业的工业品出厂价格指数折算为 2010 年不变价格后计算。（3）单位煤耗采用单位产值的煤炭消费量衡量。各工业行业的煤炭消费量采用《内蒙古统计年鉴》中《分行业能源消费总量和主要能源品种消费量》表中提供的煤炭消费实物量。

得到的各工业行业单位产值煤耗如表 5—21。从工业整体煤炭消费情况看，单位产值煤耗呈持续下降，尤其是“十一五”时期降幅巨大。进入“十二五”以来，内蒙古工业单位产值煤耗下降趋势大幅减缓，尤其是煤炭消费量最大的电力工业，其单位产值煤耗出现微弱上升；[①] 煤炭消费量增长最快的化学工业，其单位产值煤耗明显提高。

---

① 如果不考虑价格因素，2010—2013 年单位发电量的煤耗是略有下降。

表 5—21　　工业各行业煤炭消费量及万元产值煤耗

	煤炭消费量（万吨）			万元产值煤耗（吨煤/万元）		
	2005 年	2010 年	2013 年	2005 年	2010 年	2013 年
工业合计	12369	23355	33629	2. 30	1. 46	1. 37
采掘业	1125	2613	4146	1. 03	0. 63	0. 59
石油加工、炼焦和核燃料加工业	1247	1973	3175	5. 93	4. 35	3. 91
化学原料和化学制品制造业	713	1092	2673	2. 85	1. 17	1. 50
非金属矿物制品业	707	764	804	4. 67	1. 14	0. 83
黑色金属冶炼和压延加工业	740	1441	1671	0. 70	0. 96	0. 78
有色金属冶炼和压延加工业	119	875	1555	0. 42	0. 57	0. 64
电力、热力生产和供应业	7017	13725	18700	10. 50	8. 35	8. 40
其他工业	701	872	905	0. 42	0. 17	0. 13

注：万元产值煤耗按 2010 年可比价格计算。

在工业划分为八个部门的基础上，对煤炭消费增长因素进行分解。2005—2010 年，内蒙古工业用煤炭实物消费量增长了 10986 万吨，其中，工业经济规模增长带来的规模效应贡献率为 170. 7%；工业结构调整的贡献率为 -18. 5%，即这一时期电力、钢铁、炼焦等行业比重降低有力地抑制了煤炭消费量的增长；而强度效应，即各行业单位产值煤耗大幅下降，则对抑制这一时期煤炭消费增长发挥了更为重要的作用。进入“十二五”的 2010—2013 年，内蒙古煤炭实物消费量增长了 10274 万吨，增速明显高于“十一五”时期。其中，工业经济规模增长带来的规模效应贡献率为 116. 3%；工业结构调整的贡献率为 -10. 2%；强度效应贡献率为 -6. 2%。

综合两个时期变动趋势看，工业经济规模增长是煤炭消费增长的唯一推力，工业结构调整、各工业分行业单位产值能耗的变动尽管仍然发挥了抑制煤炭消费量的作用，但作用强度已经出现了明显下降。其中，电力工业对于工业煤炭消费量的变动起着举足轻重的作用，化学工业已经迅速成为影响全区工业煤炭消费的第二重要力量（见表5—22、表5—23）。

表5—22　**煤炭工业消费增长因素的实物量分解**　（单位：万吨）

时期（年）	部门	煤炭消费增长量	规模效应	结构效应	强度效应
2005—2010	采矿业	1488.11	1926.71	440.19	-878.69
	石油加工、炼焦和核燃料加工业	725.61	1726.38	-511.54	-489.14
	化学原料和化学制品制造业	378.55	969.90	197.84	-789.15
	非金属矿物制品业	57.23	802.26	288.33	-1033.32
	黑色金属冶炼和压延加工业	701.14	1147.79	-777.69	331.10
	有色金属冶炼和压延加工业	756.25	413.54	221.33	121.40
	电力、热力生产和供应业	6707.87	10910.08	-1918.73	-2282.91
	其他工业行业	171.10	854.85	25.23	-708.93
	合计	10985.86	18751.51	-2035.04	-5729.64
2010—2013	采矿业	1532.85	1412.34	302.83	-182.31
	石油加工、炼焦和核燃料加工业	1202.38	1074.44	400.12	-272.19
	化学原料和化学制品制造业	1581.41	750.99	392.36	438.05
	非金属矿物制品业	40.13	333.49	-39.56	-253.80
	黑色金属冶炼和压延加工业	229.74	660.57	-96.13	-334.70
	有色金属冶炼和压延加工业	680.08	503.08	40.77	136.22
	电力、热力生产和供应业	4974.87	6840.70	-1962.89	97.06
	其他工业行业	32.54	377.78	-81.44	-263.80
	合计	10274	11953.39	-1043.94	-635.47

表 5—23 煤炭工业消费增长因素的贡献率分解 （单位:%）

时期（年）	部门	煤炭消费贡献率	规模效应	结构效应	强度效应
2005—2010	采矿业	100.0	129.5	29.6	-59.0
	石油加工、炼焦和核燃料加工业	100.0	237.9	-70.5	-67.4
	化学原料和化学制品制造业	100.0	256.2	52.3	-208.5
	非金属矿物制品业	100.0	1401.8	503.8	-1805.5
	黑色金属冶炼和压延加工业	100.0	163.7	-110.9	47.2
	有色金属冶炼和压延加工业	100.0	54.7	29.3	16.1
	电力、热力生产和供应业	100.0	162.6	-28.6	-34.0
	其他工业行业	100.0	499.6	14.7	-414.3
	合计	100.0	170.7	-18.5	-52.2
2010—2013	采矿业	100.0	92.1	19.8	-11.9
	石油加工、炼焦和核燃料加工业	100.0	89.4	33.3	-22.6
	化学原料和化学制品制造业	100.0	47.5	24.8	27.7
	非金属矿物制品业	100.0	831.1	-98.6	-632.5
	黑色金属冶炼和压延加工业	100.0	287.5	-41.8	-145.7
	有色金属冶炼和压延加工业	100.0	74.0	6.0	20.0
	电力、热力生产和供应业	100.0	137.5	-39.5	2.0
	其他工业行业	100.0	1161.0	-250.3	-810.7
	合计	100.0	116.3	-10.2	-6.2

（三）煤化工行业发展对于未来碳排放核算的影响

目前自治区统计局对于 CO_2 排放量的测算，是按照“发改办气候〔2015〕958 号”的附件 3《CO_2 排放核算方法及数据核查表》进行的，该规定明确了目前 CO_2 排放核算的范围是化石燃料燃烧过程产生的 CO_2 排放量。而化石能源不仅在用作燃料时会释放 CO_2，其加工转化为其他产品过程中，也同样会释放大量 CO_2。尽管这些排放量目前没有纳入地区 CO_2 排放核算，但鉴于其排放的高强度，未来有较大可能会进入核算范围。

自治区大力发展的煤化工行业就是非燃烧用高碳排放行业。近几年，内蒙古自治区大批现代煤化工业项目陆续建成投产、产能不断扩大，煤制油、煤制烯烃、煤制甲烷气、煤制乙二醇、煤制二甲醚等国家五大示范工程都落户内蒙古。化学原料和化学制品制造业已经成为全区产业规模增长最快的行业。2014 年占制造业规模以上工业企业工业总产值的比重为 13.6%，较 2010 年提升了 4.2 个百分点。同时，该行业也是自治区“十二五”期间煤炭消费增长最快的行业。截至 2014 年，全区已形成 142 万吨煤制油、106 万吨煤制烯烃、642 万吨煤制甲醇、40 万吨煤制乙二醇、17.3 亿立方米煤制天然气生产能力，如果加上在建产能，在不久的未来，煤制油、煤制烯烃、煤制甲醇、煤制乙二醇、煤制天然气的生产能力将分别达到 592 万吨、286 万吨、1244 万吨、180 万吨和 140 亿立方米。

据“十二五”《煤炭深加工产业示范项目规划》数据测算，煤制烯烃的碳排放量为 11.1 吨二氧化碳/吨烯烃，煤间接制油为 6.1 吨二氧化碳/吨油品，煤直接制油为 5.8 吨二氧化碳/吨油品，煤制天然气为 4.8 吨二氧化碳/千标方天然气。[①] 按照 2014 年产量，粗略估算，内蒙古煤化工产业的 CO_2 排放已经超过 3000 万吨，如果按照已经建成和在建产能合计，未来煤化工产业 CO_2 排放可能超过 2 亿吨。即使其中大部分是燃料燃烧排放的，但由于排放规模巨大，非燃烧排放 CO_2 也无法忽视。

---

① 《2015 年煤化工碳排放将至 4.7 亿吨》，《中国能源报》2013 年 11 月 17 日。

表 5—24　　　2014 年内蒙古现代煤化工业基本布局情况

（单位：户、万吨、亿立方米、%）

项目	建成企业数	产能	产量	在建企业数	产能	建成产能占全国比重	产量占全国比重
煤制甲醇	15	642	517.8	6	602	11.9	17.3
煤制天然气	2	17.3	3.6	4	122.7	55.8	—
煤制烯烃	2	106	65.3	3	180	25.5	34.1
煤制乙二醇	2	40	12.5	4	140	30.8	34.7
煤制油	2	142	108	2	450	82.1	90

资料来源：内蒙古自治区国税局收入规划核算处：《税收视角下内蒙古现代煤化工业发展现状和前景分析》，《北方经济》2015 年第 11 期。

五　研究结论和政策启示

（一）主要研究结论

地区经济的能源强度和碳排放强度（单位产出能源消耗和 CO_2 排放）取决于产业结构和各分行业的单位产出能源消耗和碳排放，前者即通过调整产业结构实现的节能减排被称为结构性节能减排，后者一般认为是节能减排技术及工业效率提升的结果，被称为技术性节能减排。而地区能源消费、碳排放绝对量的增加，则是规模效应（经济规模扩大带来的能源消费和碳排放增加）、技术效应和结构效应共同作用的结果。

“十一五”以来，内蒙古节能减排成就显著，2010 年可比价单位 GDP 能耗从 2005 年的 1.66 吨标准煤/万元下降到 2013 年的 1.14 吨标准煤/万元；规模以上工业企业单位产值能耗 2008—2010 年下降了 27%，2010—2013 年下降了 11%。但能源消耗总量增幅较大，2010—2013 年，规模以上工业企业能源消费总额增长了 3313 万吨标准煤，增幅远超“十一五”同期。

1. 经济规模增长是内蒙古能源消费总量、CO_2 排放增长的第一推动力。技术效应曾对“十一五”时期的节能减排发挥了巨大作用，但“十二五”以来，对于降低地区能源和碳排放强度、降低能源消费量和碳排放量的贡献均出现了明显下降。结构效应对于工业的节能减排也起到了一定的促进作用，但同样在“十二五”以来其贡献率出现了一定下降。

2. 工业是内蒙古能源消费和碳排放的最主要来源。其中的煤炭采选业和六大高耗能工业（石油加工炼焦和核燃料加工业、化学原料和化学制品制造业、非金属矿物制品业、黑色金属冶炼和压延加工业、有色金属冶炼和压延加工业、电力热力生产和供应业）则是工业能源消费和碳排放增长的最重要来源。对于高耗能工业，对节能减排发挥重要作用的强度效应在降低，即技术性节能减排的作用呈现下降趋势。其中，化工行业对于能耗增长起到了越来越重要的作用，电力工业则对于工业煤炭消费量的变动起着举足轻重的作用。

3. 节能减排将面临更严峻的形势。“十三五”时期，随着第三产业的加快发展，地区经济发展对于第二产业增长的依赖将有所下降。但从近几年的投资完成情况可以看出，高耗能行业，尤其是单位产值能耗较高的化工、有色金属、电力行业在“十三五”时期生产能力仍将处于较快增长之中。因此，内蒙古以产业转型升级继续推进节能减排将面临更严峻的形势。

（二）政策启示

在经济较快增长的刚性要求下，内蒙古“十三五”节能减排中，结构减排与技术减排的难度均会较前一时期难度加大，因此，需要改变粗放式的单纯依靠节能减排投资的做法，推动节能减排工作走向更加深入细致。

1. 深挖技术节能的潜力。尽管技术节能空间缩小了，但在“十三五”时期还有较大潜力。要改变单纯依靠投资节能减排设备的思路，改变节能减排工作中不同工序、不同流程以及不同企业之间各自为战的做法，充分发挥管理节能、流程控制节能、循环经济节能的作用。

2. 尽可能发挥结构节能的作用。在高耗能产业之外，大力推动相对低耗能产业的发展，通过促进低耗能产业以更快的速度发展，降低高耗能行业的相对比重，尽可能发挥结构节能的作用。结合内蒙古农牧业大省的需求，加快培育特色农产品加工业等新的增长点；向下延伸高耗能产业链，大力发展以农牧机械、食品加工机械、风电、太阳能装备等为代表的装备制造业。

3. 加快新能源开发利用。提升风电、太阳能发电等非化石能源发电比重，积极加大风电消纳，继续扩大风电供热规模。新能源发电比重的提升，将有效降低内蒙古电力工业的单位发电量煤耗，提高节能减排的技术效应。

4. 探讨实施与其他处于工业化后期省份不同的节能减排政策。作为向全国提供能源、原材料的大省，探讨实施与其他处于工业化后期省份不同的偏向性节能减排政策，可以考虑将目前碳排放核算中纳入电力输入输出的做法，将北京等地节能指标部分转移，探讨在能源输出、高耗能产品输出中附加节能降碳指标的做法。

第六章　节能减排趋势下内蒙古的创新发展路径

技术创新是有效实现节能减排最重要的方式之一。内蒙古的主要行业多是资源型行业，通过减量化、减少资源使用量的方式来实现节能减排的空间非常有限，因此，内蒙古应该特别重视通过技术创新来实现节能减排，以实现经济增长、节约资源和保护环境的协调发展。

一　理论分析

（一）技术创新为节能减排提供了技术支持和实现路径

技术创新与节能减排两者之间能够相互促进。技术创新为节能减排提供了技术支持和实现路径。这无论是在理论上、实证研究上和现实的企业案例中都得到了证实。

余泳泽（2011）将非合意性产出纳入投入和产出导向的DEA模型，计算了中国2003—2008年29个省区市的节能减排潜力和效率，并对影响节能减排效率的影响因素进行了分析，发现技术进步对节能效率影响最大，全要素生产率对减排效率影响显著。王丽民等人（2011）研究了技术创新对河北省节能减排的作用，研究表明在河北省工业化尚未完成、产业结构重化特征明显的情况下，技术创新在节能减排中发挥基础性作用。韩一杰、刘秀丽（2011）用DEA的方法计算了2005—2007年中国29个地区钢铁行业的节能减排潜力，并分析了钢铁行业三项节能潜力指标（电力能源节能率、化石能源节能率和 CO_2 减排率）的影响因素，发现除了产业结构外，技术进步对节能减排潜力的影响最大。蔡宁等人（2014）基于 SBM - DDF 模型构建了工业节能减排指数，评估 2005—2011 年中国 30 个省份的工业节能减排效率，发现内生创新努力、本土创新溢出、国外技术引进三种类型的技术创新对工业节能减排效率具有显著正影响。

（二）节能减排为技术创新提供了动力需求

节能减排为技术创新提供了动力需求。环境管理政策所带来的节能减排的要求，无疑是会增加企业的经营成本的。企业需要通过各种方式来弥补这种成本，包括通过技术创新寻找成本最小的节能减排方式、加强企业的经营管理、直接提升产品价格来把成本转移给消费者等，而在这众多的方式中，技术创新是最有利于维持企业的竞争力、发展空间最大的方式，可以说，技术创新是企业实现节能减排、弥补成本的最优方式。因此，节能减排成了企业主动进行技术创新的强大推动力。另外，当环境管理政策对企业提出了节能减排的要求时，企业才会充分意识到自身在资源配置方面存在的非效率行为与不足，这有利于提升企业进行技术创新的意愿。当环境管理政策对所有相关企业或者是同行业的相关企业都提出节能减排的要求时，企业增加与节能环保相关的研发投入时所面临的政策不确定性会大大减少，从而减小了企业在加大 R&D 研发投入时的顾虑，使企业将为节能减排而进行的技术创新努力视为一项长期行为。

这也是得到了理论研究的支撑的。早在 20 世纪末，波特（1995）就提出，从动态的角度来看，制定适当的环境管制标准能够引起企业的创新，从而抵消掉环境管制所带来的成本。这种由创新所带来的成本消除（innovation offsets），不仅仅能够降低企业的成本，而且与其他不实行环境管制的国家中的企业相比，还能够为企业带来绝对的竞争优势。这就是著名的波特假说（Porter hypothesis）。波特认为，由于信息和资源条件等的限制，企业不会在同一时间启动全方位的创新，而是会根据他们对周围环境（包括政策环境）以及其所面临的竞争环境来决定先在哪一个方面进行创新和研发。因此，环境管制就会成为影响企业决策创新方向的重要因素。例如，环境管理政策会让企业意识到自身在资源配置方面存在的非效率行为与不足；环境管理政策会减少企业在加入与节能环保相关的投入时所面临的不确定性；环境管理政策会改变企业在传统竞争领域的优势力量对比，等等。

国内学者的研究也支持了这个观点。曾萍等人（2013）对广东珠三角地区的348家制造业企业进行了调研，发现节能减排对企业技术创新确实有显著的积极作用，企业降低能耗对于技术创新有显著的促进作用，降低能耗对新产品产值率有正面影响，节能先进或排放达标的企业有更高的新产品产值率。

二　通过技术创新实现节能减排的技术路径

通过技术创新来实现节能减排有不同的技术路径，其按不同的标准有不同的分类。

（一）按循环经济的原则来划分

例如，按照循环经济的原则，可以分为以下几种路径：第一，降低能耗、减少排放（Reduce）；第二，重复利用（Reuse）；第三，循环利用（Recycle）；第四，使用可再生材料（Renewable）；第五，使用可替代材料（Replace）；等等。

1. 循环经济的本质

现在许多学者都认可这样的观点，即循环经济本质上是一种生态经济。循环经济在环境保护上表现为污染的“低排放”甚至“零排放”，并把清洁生产、资源综合利用、生态设计和可持续消费等融为一体。传统经济是一种由“资源—产品—污染排放”所构成的物质单向流动的经济。循环经济倡导的是一种建立在物质不断循环利用基础上的经济发展模式，它要求把经济活动组织成一个“资源—产品—再生资源”的反馈式流程，所有的物质和能源要能在这个不断进行的经济循环中得到合理和持久的利用，以把经济活动对自然环境的影响降低到尽可能小的程度。因此，循环经济是一种与环境和谐的经济发展模式（李赶顺，2002）。循环经济以“降低能耗、减少排放（Reduce）”、重复利用（Reuse）、循环利用（Recycle）、可再生（Renewable）、可替代（Replace）、恢复和重建（Recovery）为经济活动的行为准则（称为六R原则）（李赶顺，2002）。2013年，政府在《循环经济发展战略及近期行动计划》中也指出，发展循环经济是加快转变经济发展方式，建设资源节约型、环境友好型社会，实现可持续发展的必然选择。

2. 按循环经济原则划分的节能减排技术路径

在按循环经济原则划分的节能减排技术路径中：降低能耗、减少排放（Reduce）又被称为减量化。在生产过程中，是指尽量减少废物和排放、降低能源消耗的量。这可以通过重新设计产品或者是优化生产过程来实现。通常可以把减量化放在节能减排的第一个环节来考虑，通过适当的管理和再设计，通常都会有力地促进节能减排。

重复利用（Reuse）包括了循原式重复利用（Conventional reuse）和创新型重复利用（Creative reuse）。循原式重复利用是指已经被使用过的资源、材料和产品再次被使用时，仍然是保持原来的用途。创新型重复利用是指已经被使用过的资源、材料和产品再次被使用时，其用途已经改变了。

循环利用（Recycle）和重复利用（Reuse）的区别在于，循环利用是将已经使用过的材料和产品分解后形成原材料，用来生产新的产品。

可再生资源（Renewable），指可以重新利用的资源或者在短时期内可以再生，或是可以循环利用的自然资源。开发和扩大利用可再生资源，也是促进节能减排，实现可持续发展的重要内容。

使用可替代材料（Replace），是指在生产过程中，将原来有污染、污染大的原材料，替换成无污染或者可降解的环保型材料，从材料的源头上减少排放。

这些技术路径并不是严格区分开来的，有些新技术常常会同时包含以上几种路径，从而实现更好的节能减排效果。

3. 企业应该是循环经济的主体

通过循环经济来实现节能减排，离不开各方的努力，其中，企业应该是发展循环经济的主体。因为实现循环经济最关键的因素是技术的发展与创新，而企业尤其是大型企业最有动力同时也有能力根据自身生产中存在的问题来进行技术创新。

在现实中，实现循环经济的几大技术路径，如重复利用、循环利用等，常常在企业内部就能够实现。这主要是集中在一些大型的企业或者是企业集团，尤其是大型的钢铁集团、煤矿公司等本身就具有高耗能高污染特征的企业。这些企业通过采用循环经济工艺技术，常常能够极大地降低能源消耗和污染排放。

例如，第一批通过验收的国家循环经济试点示范单位太原钢铁（集团）有限公司，就率先在国内应用推广世界最先进的循环经济工艺技术，从而使其能耗、水耗、污染物排放等关键指标达到了行业领先的水平。在固体废弃物循环利用方面，太钢集团建立起以粉煤灰、钢渣及高炉水渣综合利用为主的固体废弃物循环经济产业链。例如，将在钢铁生产过程中产生的固体废弃物（高炉渣、钢渣、除尘灰、尘泥等）进行再生利用，2014 年，其固态废弃物综合利用率达 94.3%。太钢建成的国内首套全功能冶金除尘灰资源化工程，每年回收金属 32 万吨，相当于开发一座年产 200 万吨铁矿石的矿山。在液态废弃物循环利用方面，太钢集团建立了以工业废水、生活污水、酸再生为主的液体废弃物循环经济产业链，实现了废水100%的重复循环利用，以及盐酸、硝酸、氢氟酸100%再生利用。不仅如此，太钢集团还引入城市污水，通过自有设备将其净化为工业用水，一方面减少了城市污水的排放，同时也节约了工业用新水，2012年就实现了日处理城市污水5万吨，年减少城市COD排放5000多吨。在气态废弃物循环利用方面，太钢集团建立起以焦炉煤气脱硫制酸、烧结烟气脱硫脱硝、余压余热发电为主的气体废弃物循环经济产业链，实现二次能源年回收占总能耗的48%，余热余压年发电量占总用电量的28%。另外，太钢还通过对生产余热进行回收，为太原市城区800万平方米居民住宅提供冬季取暖热源，取代该区域燃煤小锅炉，每年能够减排二氧化硫7000多吨。①

4. 工业园区是循环经济的重要载体

企业循环式生产进一步扩大，就形成了园区循环式发展。以工业园区作为发展形势和载体，往往能够将那些单纯在企业内部无法有效通过发展循环经济来实现节能减排和可持续性发展的企业集中起来，通过各个企业之间的互补和物质、资源的交流，实现整个园区的循环发展和节能减排。循环式园区的管理使用的是工业生态学的管理模式，即把园区经济视为一种类似于自然生态系统的封闭体系，在这里面，一个企业产生的"废物"或副产品是另一个企业的"营养物"（王金南，2002）。

例如，天津经济技术开发区就是国家循环经济和生态工业的典型示范园区。该园区在水污染防治及水资源化、固体废物资源化、能源、绿化、交通、中空纤维膜组件及系统产业化、服务支援体系等领域都有很好的实施方案。

---

① 《太原钢铁集团有限公司构建大范围循环经济》，（2012－03－22）［2016－1－15］，http：//www.tisco.com.cn/meitikantaigang/20121123094919461230.html；《循环经济》，［2016－1－15］，http：//www.tisco.com.cn/xunhuanjingji/20121002132219815 5.html。

（二）按创新的对象和内容来划分

例如，按照创新的对象和内容来划分，可以分为以下两大路径：第一，通过产品的技术创新实现节能减排。第二，通过生产过程的技术创新和改进实现节能减排。这个思想也是由波特提出的。具体而言，波特认为，有两大类途径可以实现通过创新来抵消环境管制给企业带来的成本（1995）。第一类途径是通过产品本身的创新和变化来实现。环境管制不仅可能减少污染和排放，也可能引致企业创造出性能更好、质量更高、更安全的产品，或者是通过材料的替代或者是更少的包装来生产出成本更低的产品。第二类途径是通过生产过程本身的创新和变化来实现。环境管制有可能带来更高的生产效率，例如通过更精细的管理来减少机器停工的时间，通过材料的替代、循环利用等方式来减少投入品的使用量，更好地利用副产品，降低生产过程中的能源消耗，降低材料的储存成本，将原来的废物转化为更有用的产品或材料形式，降低垃圾处理成本等。

在现实中，很多的企业案例都支持了波特的假说。

环境管制所引起的创新提升了产品品质的一个例子是美国马萨诸塞州的一家珠宝制造商 Robbins 公司。20 世纪 90 年代，这家企业由于违反了当时的排放许可管理曾经一度面临倒闭的危机，后来，公司创造使用了一套闭环、零排放水处理系统用于处理电镀过程中的用水，这套水处理系统通过在闭环系统中进行多层过滤和离子交换等措施，其处理过的水质比自来水还要纯净 40 倍。这套水处理系统不仅解决了公司面临的环境管制危机，而且大幅提高了生产过程中的电镀产品的品质，从而也提高了公司的竞争力。

又如，环境管制能够促使企业通过减少使用成本较高的材料、减少不必要的包装、简化设计等方式来减少成本。一个典型案例就是日立公司为了应对 1991 年日本的回收法案，对产品进行了重新设计以减少拆装时间。在这个设计中，洗衣机的零件数量比原来减少了 16%，真空吸尘器的零件数量比原来减少了 30%。更少的零件数量大幅减少了拆装的时间，同时也大幅降低了企业的生产成本。

通过生产过程的创新改革不仅能够减少排放，而且还可以增加产品产量。这方面的例子是美国新泽西州的 Ciba – Geigy 染料厂，为了达到新的环保标准，公司需要重新检查其废水流。于是，公司在生产过程方面进行了两个改革，一个是用不同的化学转换剂来代替铁剂，这样不会产生固体铁废泥，另一个生产过程的改变能够消除释放在废水里的潜在有毒产物。这些生产过程的创新，不仅提升了 40% 的产量，而且减少了浪费，每年为企业节约了约 74 万美元的成本。

有时候，企业解决环境问题的同时，还能够减少生产过程中的停机时间。例如，在杜邦公司，许多化工生产过程都需要一段启动时间来达到稳定并将产生调至合规范围内，在这段初始期内，通常只产出废料。通过安装高质量的监控设备，杜邦公司减少了生产中断和起始期内的生产浪费，既减少了废弃物的排放，同时也缩短了生产过程中的停机时间。

有时，环境管制还能够促使企业通过使用成本更低的材料或者是对材料进行更好地运用来创新生产过程。例如，3M 曾经面临一项新法规要求在纸、塑料和金属涂料等产品使用溶剂的用户必须在 1995 年前将溶剂的排放量减少 90%。公司对此做出的应对是，完全避免使用溶剂并发展出更安全的、以水为载基的涂料产品。另一个 3M 工厂，则是将涂片上的载体从溶剂型的转化为水型的，从而使每年的污染排放减少了 24 吨。这项 6 万美元的投资由于减少了不必要的污染控制设备而节约了 18 万美元的成本，同时由于不再需要购买溶剂而减少了 15 万美元的材料成本。

有时，技术创新还可以通过废物利用来实现环境保护的目的同时减少生产成本，并获得更高收益。例如，Robbins 公司在其零排放的电镀系统中能够回收非常有价值的稀有金属。在法国的Rhone－Poulenc尼龙工厂，生产己二酸的过程中会产生副产品二元酸。过去处理二元酸的方式只能是分离和焚化。后来，公司投资了760万法郎安装了新的设备来回收和再加工这些副产品，并将其作为染料、制革添加剂或凝血剂来出售，每年可以获利201万法郎。在美国，佛罗里达州的Monsanto化工厂生产出来的相似的副产品，则被出售给公用事业公司用作在烟气脱硫过程中的加速剂。

（三）按行业环保技术进步的空间来划分

按照行业的环保技术进步空间来划分，也可以分为以下两大类：第一类，行业本身在环境保护方面还有很大的技术进步空间，只要外部环境约束得当，企业有动力也有能力通过自身的技术创新等活动来实现节能减排，并通过创新所带来的收益弥补节能减排所带来的成本。第二类，行业本身的环保技术进步空间受到了瓶颈限制，很难通过自身的技术创新来实现大幅度的节能减排。环保技术的创新只能等待行业出现重大技术变革或进步后才有可能实现。这类行业，当前只能通过加强管理等其他手段来实现。

三　通过适当的环境管理政策来促进企业的技术创新与节能减排

企业通过技术创新能够实现节能减排，但企业在外部环境没有发生变化时，通常不会主动进行技术的创新和应用。甚至，即使外部环境已经发生变化，要求企业进行节能减排，企业也有可能直接将节能减排所产生的成本作为产品的内在成本直接转嫁给消费者，而不是通过进行技术创新来消化这些成本。那么，如何才能促进企业主动通过技术创新这种方式来实现节能减排呢？

（一）环境管理政策与企业技术创新的关系

波特假说认为，通过制定适当的环境管理政策能够引起企业的技术创新行为并抵消掉环境管制所产生的成本。也就是说，节能减排与减小环境管制的成本是有可能达成一致，实现社会和企业的“双赢”的。后来的学者对此假说，既有争论，也有认同，同时也对该假说进行了验证和发展。假如，有学者认为，该假说的成立需要的一个前提条件是市场是不完全竞争的（Ambec and Barla，2005；Simpson and Bradford，1996），至少应该存在着知识溢出等外部性（Jaffe et al.，2005）。

也有学者沿袭并发展了这个假说，提出了三种情况：第一种情况是“弱假说”（weak version of hypothesis），即环境管制会刺激并引起某种类型的环境方面的创新。第二种情况是“窄假说”（Narrow version of hypothesis），即柔性灵活的环境控制政策工具（如污染排放费或者是可交易的排污权），能够比那些指导性的环境控制政策（如给出技术标准）让企业更有动力去创新。第三种情况是“强假说”（strong version of hypothesis），即适当的环境管理政策所引起的企业创新，不仅能够弥补管制所带来的成本，而且还能够改善企业的财务状况和提高竞争力（Jaffe and Palmer，1997）。

为了验证这些理论假说，国外学者做了许多后续的实证研究。Paul Lanoie 等人（2011）将这些实证研究分为两大类：第一类是检验环境管理政策对企业创新战略和技术选择的影响，使用的衡量指标是企业在 R&D 研发、资本和新技术上的投入，或者是获得成功的专利申请；第二类实证研究检验环境管制的影响所使用的衡量指标是企业的经营状况，如生产率、成本等。在第一类的实证研究中，有学者发现，在美国的制造业中，节能减排成本（作为环境管理政策严格程度的代理变量）与 R&D 研发总投入之间具有很强的正相关性，节能减排成本每提升 1%，就会引起企业增加 0.15% 的 R&D 研发总投入（Jaffe & Palmer，1997）。另外一些针对 OECD 国家的实证研究发现，不同的环境政策［例如强制上网电价补贴（Feed – in Tariff）、针对可再生能源的信贷（renewable energy credit）等］则对新能源技术的专利数量有正向激励关系（Johnstone et al.，2010）。

（二）能促进技术创新的环境管理政策应具备的特征

当前，学者们普遍已经认可，通过制定适当的环境管理政策能够促进企业主动通过技术创新这种方式来实现节能减排。那么，什么样的环境政策才是适当的呢?

通常来说，促进企业进行技术创新的政策包括两方面的内容，即着眼于创新的供给侧和需求侧的内容。着眼于从供给侧促进创新的政策机制包括投资税收减免、为研发提供资助等；着眼于从需求侧促进创新的政策机制包括制定排放标准、实行经济刺激、政府采购等。正如 Vicki（1999）所说，过去政府对创新的促进和支持主要体现在大型的科研项目，但是大型科研项目与环保节能技术创新有着很大区别，环保节能技术并不是一项独立的技术，要想实现工业排放和污染的最小化，就要求与环境相关的各类技术都要相应发展才能实现。另外，在环境技术领域，政府通常不是主要消费者，难以像在国防科技领域一样有效地调节供给和需求，因此，政府应该通过制定合适的政策来培育出私人部门对环境技术的需求。

进行与节能减排相关的技术创新的主体是企业。政策是能够影响技术创新的因素之一，其他的影响因素还包括行业结构、资源与生产要素的价格、技术路径和现有技术的发展程度、消费者的需求、企业组织和管理、社会标准以及领导阶层的偏好和期望等。而环境政策就是通过改变这些其他的影响因素进而影响技术创新的，例如，排放标准和环境保护税就会改变资源与生产要素的价格。Vicki（1999）认为，能够促进企业进行技术创新的适当的环境管理政策应该具备以下几个特征：

1. **能够为企业和公众提供信息和正确的认识**

要想推动企业通过技术创新来实现节能减排，就必须让企业对节能减排的影响以及如何消化节能减排的成本有一个清晰的认识。应该让企业认识到，节能减排的成本是可以通过技术创新来消化掉的，而不是单纯地把节能减排的成本当成一种只能被动增加或者是直接能够转嫁给消费者的生产成本。实际上，在中国当前的阶段，也仍然还有很多企业仍然遵循着过去的工业生产理念，还没有足够的经验去积极地、创新性地处理环境保护问题，对于通过技术创新来实现节能减排仍然存有很大的疑惑和不确定性，主观上就已经回避了对环境保护技术创新进行投入的想法。因此，适当的环境管理政策应该能够为企业提供信息，让企业认识到自身在资源要素配置方面存在的不足，同时也让企业认识到在节能减排方面存在的一些新技术，或者是让企业能够主动去关注和了解节能减排方面的技术信息等。在公众意识方面，适当的环境管理政策也应该有利于提升公众对环境保护的关注、参与和监督。虽然，目前中国公众对环境保护的意识已经比过去有所增强，但是还远远不够。例如，很多人还没有意识到过度的产品包装其实是不利于节能减排的，人们仍然倾向于在送礼等场合选择包装过于精美的产品。另外，适当的环境管理政策还应该引导公众加强对环境保护监督。例如，政府对社会环境质量监测信息的公布，还有要求排污企业对社会公开其主要污染物的排放方式、排放浓度和总量、超标排放情况，以及防治污染设施的建设和运行情况等，这些都有利于引导公众关注企业的节能减排状况，从而也对企业的节能减排起到推动作用。

2. **提供经济刺激或政策刺激**

具有远见的企业或者是技术型的企业会将环境管理政策所提供的对环保重视的信息视为其进行环保技术创新的一种诱发性刺激，尤其是在企业认为技术创新与节能减排能够实行双赢的情况下，这种刺激对技术型企业更为明显。但是，对于其他普通的企业来说，当进行技术创新所带来的收益不够确定，或者是这种收益需要较长时期才能体现出来时，企业就需要获得其他的刺激去改变它们的竞争环境，才有可能进行创新和投入。这时，适当的环境管理政策就应该提供相应的经济刺激或者政策刺激去引导企业进行创新和节能减排。有几种类型的环境管理政策能够为企业提供经济或政策刺激，例如市场机制型的，像环境保护税就能够为企业提供直接的经济刺激。其他的环境管理政策，例如制定污染排放标准并对不达标企业进行处罚，也会为企业提供经济刺激，将排放不达标的企业公布于众，能够将公众对环境保护的压力和对环境友好型产品的需求传导给企业，加强企业间在环保方面的竞争，从而为企业提供政策刺激。

3. 减少企业进行技术创新所面临的长期不确定性

由于创新通常需要较长的时间，如果环境管理政策能够减少企业在技术创新时面临的长期不确定性，就能够减少企业为节能减排而进行创新投入的顾虑。在过去，企业通常只会把创新投入用于自身的核心业务领域，而很少会投入到环保领域。而企业也会担心，如果对环保技术创新进行了投入，可能需要很长时间或者是需要该技术获得市场明显的认可后，才能收回其研发成本，那么企业就会太超前于市场（Porter and Linde，1995）。为了减少企业在进行技术创新时所面临的这种不确定性，适当的环境管理政策应该传达出一种社会承诺，表明政府将会持续地、长期地致力于环境保护。例如，可以传递出相应的信息，表示将会持续地将企业的环境外部性转化为内部性，从而鼓励企业进行长期的技术创新活动。

4. 提供灵活性

减小不确定性的同时，环境管理政策也还应该兼顾灵活性，尤其是在通过何种方式和技术来实现节能减排的目标方面，更应该给予充分的灵活性。这是因为，技术创新的主体是企业，而政府通常难以真正区分得出哪些是真正成功的、有效的、适合于商业化的创新性技术手段。因此，适当的环境管理政策应当允许不同的企业尝试各种不同的技术路径来实现节能减排的目标。

Vicki（1999）认为，以上四个特征，对于促进企业进行普遍性的技术创新活动是非常重要的。另外，还需要具备其他两个特征以保证技术创新的方向是使社会的污染与排放最小化。

5. 实施多维度的管理方向和管理要求

如果环境管理政策是单一维度的，就有可能导致企业的只是做出单一的环保应对，例如，企业有可能在减少了对空气和水的污染的同时，却增加了对土地的污染。兼顾多维度的管理方向和管理要求的环境管理政策，会要求企业全方位地考虑对各种污染物的综合处理，从而更可能引致企业进行环保技术创新。

6. 兼顾对产品完整生命周期的考虑

对产品完整生命周期的考虑，也会要求企业必须全面综合地思考产品在各个阶段所产生的环境影响，包括生产阶段、使用和消费阶段，以及产品的回收阶段等，这样，企业更有可能形成一系列的、互相呼应的技术，也更容易实现重复利用和循环利用等有利于节能减排的技术路径。

当然，以上这些特征虽然非常重要，但这并不意味着所有的环境管理政策都应该具备以上特征，而是说，当环境管理政策能够满足的特征越多，越有利于促进节能减排的技术创新。因此，无论是中央政府还是地方政府，在制定相关的环境管理政策时，都应该尽量满足这些特征。

四　内蒙古典型产业的节能减排与技术创新情况

课题组在内蒙古考察的过程中，发现内蒙古许多典型产业的节能减排情况都与其进行技术创新的发展程度密切相关。那些具有较大技术创新空间的典型行业，如钢铁行业和煤化工行业等，不仅目前已经很好地实现了节能减排，而且仍然具备很大的节能减排潜力，通过技术创新，这些行业中的领军企业是能够消化掉节能减排所带来的成本从中获取收益的。但也有一部分行业（其典型代表是电解铝），由于行业的环保技术发展遇到瓶颈而面临着较大的节能减排压力。

在这部分内容里，我们将按照行业环保技术进步的空间，分两种类型来具体梳理内蒙古典型产业的节能减排与技术创新的情况。需要说明的是，在那些具有较大环保技术创新空间的行业中，其所采用的节能减排方式，也可以按照循环经济的原则划分为重复使用、循环利用等不同的技术路径，或者是按创新的对象划分为产品创新路径或者是过程创新路径。限于篇幅的原因，在此就不做具体展开了。

（一）具有技术创新的空间的行业，其节能减排的前景也较大

1. 钢铁行业

钢铁行业曾经是高污染、高耗能的典型产业，同时钢铁行业也是内蒙古的主要产业之一。由于近年来钢铁行业实现了较多的技术创新，例如富氧喷煤、KR 炉外脱硫、大流量氧枪、煤气干法除尘以及烟道双换热等技术，有效地降低了污染排放；同时，还通过高炉炉顶余压发电、烧结机余热利用、煤气循环利用、高中低品质余热蒸气资源回收等技术，通过有效利用二次能源来实现节能。目前，钢铁生产中所需要的80%左右的能源都可以通过钢铁冶炼过程中生产的二次能源转换来提供。钢铁行业已经摘掉了“两高”的帽子。应该说，钢铁行业是内蒙古最典型的通过技术创新来实现节能减排的行业。

在内蒙古的钢铁行业中，课题组重点考察了包头钢铁集团（以下简称包钢集团），这里将以包钢集团为例，梳理内蒙古钢铁行业的节能减排与技术创新情况。

包钢集团于1954年成立，是中国重要的钢铁工业基地、世界最大的稀土工业基地和内蒙古自治区工业龙头企业，拥有“包钢股份”“包钢稀土”两个上市公司。其中，包钢的钢铁产业已形成1850万吨以上铁、钢、材配套能力，是世界最大的钢轨生产基地、我国品种规格最为齐全的无缝钢管生产基地之一、西北地区最大的板材生产基地。

近十几年来，包钢集团非常重视节能减排，并成为了钢铁行业中的第一批国家循环经济试点单位。综合来看，包钢集团主要是从技术创新和加强企业管理两个方面来实现节能减排的。

(1) 通过环保技术创新实现节能减排

近年来，包钢集团非常重视对环保技术创新的研发和投入，通过技术创新在实现节能减排方面取得了较好的成绩。应该说，在包钢集团的节能减排中，技术创新所带来的贡献是最大的。包钢集团通过综合采用多种技术手段，消化了节能减排的成本，有些技术还为集团带来了可观的收益。

包钢集团在环保技术创新方面所研发和采用的新技术，主要包括干熄焦技术、污水处理技术、除尘技术、余热利用节能等。此外，包钢集团还通过建立循环经济产业园，来扩大和强化集团通过发展循环经济实现节能减排的范围和效果。

①使用干熄焦技术

干熄焦技术是目前包钢焦化厂熄焦的主要方法，与传统用水熄灭焦炭的方式相比，干熄焦技术采用惰性气体将红焦降温冷却熄焦，其最大的优势就是“环保”。2003年，包钢开始关注干熄焦技术，两年后，包钢一次性投入3亿元，马上建设了干熄焦装置，这在国内炼焦行业内，是一个很大的投入了。干熄焦技术有三大优势——节能、环保、高效，干熄焦节约水，每熄一吨焦炭可以节约0.5吨熄焦水，同时，经过干熄焦出来的焦炭，抗碎强度、耐磨强度等指标也非常高。这项技术为包钢带来了显著的环保、经济和社会效益。到2013年，包钢焦化厂已经完成了三套干熄焦装置的建设。每小时能干熄焦炭375吨；利用干熄焦发电，每年能生产超过两亿度的电量，创造了可观的效益。同时，使用干熄焦技术后，焦化厂每年向大气排放 CO_2 量削减了18万吨。

②污水处理

包钢还建成了西北地区最大的污水处理中心。2012年，包钢工业用水重复利用率达到了95.26%以上，吨钢耗新水降到了4.77立方米/吨，提前达到了国家钢铁企业发展政策要求的目标。到2014年，包钢的吨钢废水排放量降到了1.52立方米/吨。

③电除尘器改为长袋低压脉冲布袋除尘器

包钢集团对炼铁厂6号高炉进行了出铁场除尘器改造工程，总投资878万元。将原有的电除尘器改为长袋低压脉冲布袋除尘器。新设备具有非常高的烟尘吸收效率，运行后除尘器排放浓度小于25毫克/立方米。

④余热利用节能

包钢集团的余热回收再利用主要分为热电厂、炼铁厂烧结和高炉三个板块。因为锅炉在生产过程中要排放烟气，烟气会带走一部分热能，而这部分热损失占到锅炉总热损失的70%左右。如果能将这部分热损失安全、稳定地回收，会为企业带来可观的经济效益，同时还可以降低排烟温度和烟气排放量，减少环境污染。

2013年，包钢热电厂在9号锅炉上实施“双循环壁温可调式余热回收”新技术。这套余热回收系统包括吸热段、放热段、余热利用装置、壁温控制装置、吹灰装置、连接管路系统及电气系统等。余热回收系统投运后，可将锅炉排烟温度由150℃降至115℃，回收的余热用于加热除氧器中的除盐水，能够将除盐水加热至85℃，使能量得到梯级利用。经估算，这套余热回收系统投运后，每年能获经济效益近200万元。

回收的工业余热除了企业自用外，包钢集团还进一步将回收的余热直接用于市政居民供暖。2015年1月，包钢的余热顺利实现并网投运，正式向包头市供暖。这显著降低了燃料消耗总量，真正做到了从源头把控，使上下游资源呈链条式循环利用。据介绍，该项目投产后，可实现包钢对外供热能力 188 兆瓦，其中回收工业余热 114 兆瓦，可以满足市政 380 万平方米的供热需求。此外，该工程环保效益十分明显，年可回收余热总量 174.7 万吉焦，节约标准煤 7 万吨，减少各类排放成果显著。①

⑤循环经济产业园

2011 年，包钢集团以绿色建材为生产中心，推进钢渣、铁渣综合开发利用的包钢循环经济产业园一期项目开工建设。现在，包钢集团已经利用这个园区，基本实现了钢渣零排放。最终，这个园区将形成一个“低成本、高效益、绿色环保、前景广阔”的绿色生态园区。

2015 年，包钢钢联股份有限公司还与平远物资回收公司就废钢基地的建设达成合作，也代表着铝业园区“城市矿产”示范基地与包钢集团就共同推进废钢基地建设和废钢资源化利用达成了合作伙伴关系。废钢基地的建设，将促进区域钢铁循环利用产业的发展和废钢资源就地转化利用率的提高。同时，也能够更好地保障包钢废钢原料的供应，促进包钢废钢冶炼利用，减少对生铁资源的依赖，对节能减排、降本增效起到积极作用。

（2）通过加强管理来实现节能减排

在包钢集团实现节能减排的方式中，通过加强管理来实现节能减排也是一个很重要的手段。虽然通过加强管理能够实现的节能减排的量和程度相对较小，但是加强企业管理仍然是一种相对容易实现和推行，而且成本也比较低的方式，因此，这种方式从一开始就受到包钢集团的重视。从整体来看，包钢集团在加强节能减排管理方面的做法可以分为三类：第一类是加强制度管理，第二类是提高企业职工的环保意识，第三类则是狠抓淘汰落后产能。

---

① 《包钢“余热”温暖鹿城百姓》，2015 年 10 月 15 日［2015－12－31］，http：//www. btsteel. com/shownews. asp？ID＝8483。

①加强制度管理

制度是集团进行节能减排的重要保障。包钢集团制定并印发了《公司污染源在线监测系统监督管理办法试行》、《关于对主要产排污节点安装在线监控设施的通知》等多项制度，为推进环保工作提供了制度保障。同时还实施重点环保设施运行日报制度，加大对违规情况的整改力度，在每周一公司早调度会上，对上周环保违规情况及环保设施运行情况进行通报，按时限整改，达到持续改进的目的。同时，每周还召开环保、厂容工作例会，分解落实责任；每月刊发两期环境治理监察通报，曝光违规现象。同时，公司还建立包钢环境质量监控中心，在10个重点区域架设高清摄像头，高空中的“鹰眼”随时监控环保违规现象；配备了专业人员和“环境监察”专用车辆，工作人员由原来的白天监察、夜间抽查，改为全天24小时监察。①

②提高企业职工的环保意识

企业职工的环保意识往往会在很大程度上影响企业节能减排的效果，无论是在企业的日常生产操作中，还是在促进技术人员进行创新和研发的过程中，企业职工的环保意识都会发挥很大的主观能动性。因此，包钢集团非常注重培养从领导管理层到普通员工的环保意识。

2014年8月，包钢集团先是组织厂处职领导和环保管理人员培训班；10月，又组织了各单位环保管理层面工作人员开展专业知识与管理培训。与此同时，公司各个部门也相互联动、互促互进。公司纪委将“加强环保管理职能，助力公司环保水平创一流”列入公司级效能监察；公司工会开展环保工作立功竞赛及环保合理化建议活动，在各单位基层职工中形成热潮；公司党委组

---

① 《绿色钢铁之梦——包钢环境治理综述》，2014年11月24日[2015-12-31]，http://www.opsteel.cn/news/2014-11/0892E82A1083066DE050080A7EC97435.html。

织部（人事部）将环保工作纳入领导班子考核内容，开展“践行环保为民，圆梦绿色包钢”主题实践活动；公司生产部与公司团委共同举办“共圆绿色包钢梦·生态环保我先行”演讲比赛，形成了“人人讲环保，人人争做环保践行者”的浓厚氛围。

③淘汰落后产能

淘汰落后产能对于实现节能减排而言是非常有必要的。有些落后的产能，已经无法通过技术改造来使其达到环保管理政策所要求的排放标准，继续保留这部分生产，只会减小企业的收益、加大企业的成本。因此，近几年来，包钢集团狠抓淘汰落后产能，先后淘汰了 4 座 4.3 米焦炉、4 台 90 平方米烧结机、1 台 162 平方米带式球团机、4 座 8 平方米竖炉、2 座 80 吨转炉、4 座 250 立方米石灰竖窑、5 座混铁炉、4 座隧道窑等，通过淘汰落后生产设备，共实现减排烟粉尘 10000 多吨、二氧化硫 30000 多吨，较为彻底地消除了原料区域落后设备造成的高排放。①

2. 煤化工行业——以大唐、汇能为例

煤化工行业也是内蒙古的重要行业之一。近几年来，内蒙古的煤化工行业在环保技术创新方面有了较大的发展，有力地促进了该行业的节能减排。在内蒙古的煤化工行业中，多家煤化工企业都采用了通过新技术促进节能减排的行动。

（1）通过生产过程的技术创新实现节能减排

内蒙古汇能煤电集团有限公司（以下简称汇能集团）通过近几年来的努力，已经逐步成为一家清洁、环保的化工型焦化企业。汇能集团所采用的创新技术，涉及污水处理、余热发电等多个生产环节。例如，汇能集团的新联煤焦有限公司设有污水处理车间，工业污水采用中钢集团鞍山热能研究院发明专利“以煤气为热源的焦化污水焚烧处理技术”，可达到工业污水零排放的标准。附属产

---

① 《包钢将真正实现烟尘“三不见”》，2015 年 2 月 16 日［2015 - 12 - 31］，http：//www.baotounews.com.cn/2015/0216/4793.shtml。

品的热值煤气，经脱硫处理，除生产自用外全部用于蒙南电厂机组发电，减少了环境污染，符合国家环保要求，实现了煤电联产资源综合利用。另外，汇能集团也注重通过管理来实现，其煤场焦场实现全封闭管理，避免了煤尘的飞扬污染，目前在国内同行业中，其生产焦炉规模是最大的，生产工艺水平也是最先进的。

（2）通过创新产品、延长产业链来实现节能减排

在内蒙古，建元煤焦化公司和蒙西集团都经历了通过自主研究新产品来实现节能减排的过程。

建元煤焦化公司是内蒙古的一家集煤炭开采、洗选、炼焦、化工为一体的大型民营企业。虽然是民营企业，但是公司也十分注重创新产品和节能减排。建元煤焦化公司通过技术创新上马的焦炉煤气制 LNG（液化天然气）项目开辟了焦炉煤气有效利用的新途径。在 2008 年，建元煤焦化公司决策层与行业知名设计院研讨后决定，率先引进焦炉煤气制 LNG 工艺装置，将焦炉煤气经过除油、脱硫、净化、甲烷化和深冷等工序生成清洁能源液化天然气，实现了变废为宝。每年利用焦炉煤气 2.25 亿立方米，年产液化天然气 5.2 万吨，实现年销售收入约 2.6 亿元，减少废气排放量 9.63 亿立方米。LNG 装置的引进，一方面生成清洁能源，降低了废气排放，弥补了焦炉煤气没有充分利用的缺憾，另一方面 LNG 装置催生了焦化产业链，增加了吨焦收益，有力提高了公司的经济效益。建元煤焦化公司是国内第一个拥有自主知识产权的 LNG 装置的企业。以前焦化厂剩余的焦炉尾气都从空中排放出去了，既浪费又污染环境，现在通过产品创新、延长产业链，建元煤焦化公司通过利用过去的工业废弃物——焦化厂剩余的焦炉尾气做生产原料，生产液化天然气，一举双赢，显著提升了企业的综合竞争能力。①

---

① 孙海滨：《鄂旗建元煤焦化：高产减排创收》，《鄂尔多斯日报》2014 年 10 月 11 日 05 版［2016－01－04］，http：//www.ordosnews.com/http_epaper.tianjiaonews.com/ordoswb/html/2014－10/11/content_269648.htm。

蒙西集团的蒙西鄂尔多斯铝业有限公司，历时十多年自主研发的具有自主知识产权的高新技术和资源综合利用项目——利用粉煤灰提取氧化铝项目，是又一个通过产品创新实现变废为宝、点石成金的例子。鄂尔多斯煤炭资源富集，是西部地区重要的煤炭输出基地，煤炭燃烧后产生的大量粉煤灰普遍是露天堆放，既损害土质也产生粉尘，使环境受到了严重污染。经过十多年的研究，蒙西集团找到了一个有效处理煤灰的途径，通过利用电厂产生的高铝粉煤灰与石灰石按比例搭配粉磨后进行煅烧，煅烧后的熟料采用碱溶法碳分和管道化溶出后，通过拜耳法生产出一级沙状氧化铝，提取氧化铝过程中产生的废渣——硅钙渣，全部用于联产水泥熟料，由此形成了低排放、低污染、低成本的循环产业链。粉煤灰提取氧化铝项目的实施对于增加国内铝资源供给，发展循环经济，实现资源价值最大化等方面具有重大意义。据了解，在20世纪末，国内虽有从事粉煤灰提取氧化铝技术研究的科研院所，但并无突破性进展。蒙西集团董事长亲自带队赴波兰进行技术交流和考察学习，并成立了课题研究小组。项目组经历了实验室试验、中试试验和两次大规模工业化试验，历时7年。该技术在整个研发过程中获得了7项专利技术，其中包括5项发明专利和2项实用新型专利；项目建设及调试期间共研发并申请了9项专利技术。① 这个项目总投资16亿元，年产40万吨氧化铝，年需粉煤灰160万吨。而就在2.4公里之外的蒙西工业园区的北方联合电力蒙西发电厂，每年可以生产粉煤灰150多万吨，

① 万方、斯咏、王勇：《产业转型升级的创新实践——蒙西集团石灰石烧结法粉煤灰提取氧化铝生产线建设记》，《鄂尔多斯日报》2014年11月23日05版［2016－01－04］，http：//www. ordosnews. com/http_ epaper. tianjiaonews. com/ordosrb/html/2014－11/23/content_ 278775，htm。张晓红：《蒙西鄂尔多斯铝业：行业翘楚》，2014年4月25日（2016－01－04），http：//www. ordosnews. com/news/2014－04/25/content_ 75205. htm。

这些粉煤灰通过输送带直接送到了蒙西鄂尔多斯铝业公司。[①] 在利用粉煤灰生产氧化铝的过程中，每吨氧化铝会产生5吨的硅钙渣，这些硅钙渣也被当做了资源。目前，蒙西集团已配套建成了日产10000吨新型干法熟料生产线，可全部消化氧化铝生产过程中产生的废渣，完全实现了对固体废弃物的“吃干榨净”。蒙西集团还计划在蒙西高新技术工业园区打造“高铝粉煤灰资源综合利用产业集群区”，主要包括矸石电厂、粉煤灰提取氧化铝、水泥熟料、长距离胶带输送机、铝深加工等项目，形成一个完整的循环产业链条。[②] 蒙西集团通过技术创新，大力推进民高铝煤炭资源循环利用，实现资源价值最大化，既保护生态环境、节约土地资源，又发挥特色资源优势，提升了企业和地方的竞争力。

（3）以循环工业园区的方式，通过延长产业链来实现节能减排

建立循环工业园区，通过园区内企业间的综合交互作用延长产业链，也是实现节能减排的重要方式，这在内蒙古的煤化工行业中也得到了有效的实践应用。汇能煤电化工园区和蒙西高新技术工业园区就是典型的例子。

传统煤炭产业走着“资源—消费—污染排放—末端污染治理”的单向线性流程，高投入、高消耗、高排放使许多地区望而生畏。汇能煤电化工园区的主导产业以煤电、煤制气、煤制甲醇、干馏煤和煤制油为主，同时发展新型环保建材及煤炭衍生产品。通过产业链的延长，把传统“资源—产品—废弃物”的线性

---

① 张晓艳：《串起绿色产业链》，《鄂尔多斯日报》2014年12月14日［2016－01－04］，http：//www.ordosnews.com/http_ epaper.tianjiaonews.com/ordosrb/html/2014－12/14/content_ 283004.html。

② 尚铁兵、萨楚：《全国首条新法粉煤灰提取氧化铝生产线在我市投产》，《鄂尔多斯日报》2014年10月28日［2016－01－04］，http：//www.ordosnews.com/http_ epaper.tianjiaonews.com/ordosrb/html/2014－10/28/content_ 273128.html。

模式转变为“资源—产品—废弃物—再生资源”的闭路循环模式，提高资源的利用效率，增加资源的利用等级，使资源得到最大程度的利用和污染物最小程度的排放。[①]

蒙西高新技术工业园区是国家级循环经济示范园区和国家级生态工业园区。蒙西高新技术工业园区非常重视环境保护，把发展作为第一要务，环境保护作为第一责任。仅2014年一年，园区就投资了5.6亿元，实施了五项环保设施建设工程，约占园区全年基础设施投入的73%，园区所有生产企业均按环保要求配备了除尘、脱硫、脱硝设施。同时，蒙西高新技术工业园区还注重通过发展循环经济、通过企业延长产业链来实现发展和环境保护的双赢。蒙西高新技术工业园区的“第一产业”是新型化工，包括煤化工和电石化工，从原煤的开采到焦化煤气化工已形成循环产业链条，电石化工的第一产业链是PVC，第二链条是PVA，目前煤化工产能已经达到400万吨，电石化工达到180万吨，PVC产能60万吨。“第二产业”是特种冶金，分两条产业链：一是原煤产业和磁铁矿的加工，形成特种钢；二是利用粉煤灰提取氧化铝。“第三产业”是煤转换电。目前，已建成2×30万千瓦的循环流化床锅炉，在建的有2×33万千瓦机组，待建的有6×33万千瓦机组。“第四产业”是高新材料。园区与浙江工大、北京理工、内蒙工大等高等院校合作实现成果转化，充分利用工业废渣和周边大量废弃石灰石、风积沙、粉煤灰、煤矸石等资源，生产高性能水泥和高附加值的高岭粉土，同时利用生产水泥过程中产生的余热发电，使废弃物实现循环化操作，既提高资源利用率又实现高度节能环保。现已建成6万吨高岭粉土，12万吨塑胶纸，年产620万吨高性能水泥及水泥熟料等新型建材项目。蒙西高新

---

① 《汇能煤电煤化工园区：让产业链“生长”》2011年5月20日［2015－12－29］，http：//ordos. people. com. cn/GB/175650/14694869，html。

技术工业园区四大产业的快速发展，促进了地区物流业的发展，从而形成了“第五产业”即物流业。2013 年，该园区主要企业货物吞吐量达到 3032 万吨。目前，园区物流企业分两大类：一是以亿阳蒙西和凯顺物流为代表的汽运物流，二是以鑫诺蒙西物流为代表的铁运物流。2013 年，物流业完成税收 1119 万元。五大产业就形成了五条产业链。依靠这五条产业链，蒙西高新技术工业园区形成了新型化工、特种冶金、煤电转化、高新材料和现代物流五大主导产业，实现了园区大循环、企业小循环的产业格局，最大限度地提高了资源能源效率，实现变废为宝，从工业生产源头上将污染物排放量减至最低，实现区域清洁生产，为园区产业结构的优化调整和环境友好发展奠定了良好的基础。①

3. 生物发酵行业——以梅花生物为例

在内蒙古的生物发酵行业中，课题组重点考察了通辽梅花生物科技有限公司，这里将以通辽梅花生物科技有限公司（以下简称通辽梅花）为例，梳理内蒙古生物发酵行业的节能减排与技术创新情况。

通辽梅花生物科技有限公司是梅花集团于 2003 年 9 月在通辽市投资建设的子公司，目前生产的产品包括调味品、氨基酸、生物医药三大类，公司产业已经横跨基础化工、农产品深加工、高端生物技术三大领域，现在已建成为“国家发酵行业循环经济示范企业和国家级高新技术企业”。通辽梅花通过多种技术创新手段来实现节能减排。

第一，通过引进先进的污水处理技术来实现节能减排。早在 2009 年，通辽梅花就投资逾 5 亿元建成 2 座污水处理车间，引进荷兰帕克公司的世界最先进处理工艺（梅花集团是国内首家引进

① 尚铁兵、萨楚：《蒙西高新技术工业园区：让循环经济更“绿色”》，《鄂尔多斯日报》2014 年 11 月 22 日 1 版[2016－01－04]，http：//www. ordosnews. com/http_ epaper. tianjiaonews. com/ordosrb/html/2014－11/22/content_ 278672. html。

的公司)，对生产过程中产生的废水全部进行集中处理，污水处理达到国际领先水平。该项技术采用 Anammox 工艺降低氨氮技术，是目前世界上最先进的生物脱氮工艺。通辽梅花与荷兰帕克公司签订废水处理改造和技术引进协议，投资 8000 万元致力于提高生产过程中的废水处理水平。其中利用 Anammox 工艺降低氨氮的技术是目前世界上最先进的生物脱氮工艺，相对于传统的硝化—反硝化工艺，Anammox 减少反硝化过程所需的化学品消耗，并节省约 60% 的动力消耗，降低能耗的同时提升了净化效率。通过污水处理，通辽梅花公司每天循环利用生产回水 4000 吨，每年减少生产成本近百万元。

第二，通过自主创新解决烟气异味问题。针对氨基酸废液生产肥料过程中的烟气治理这个行业难题，2007 年以来，梅花公司联合山东轻工业学院、通辽市环保局承担了《谷氨酸发酵行业喷浆造粒烟气污染治理技术》的国家发改委科研课题。经过两年半的研究与实验，成功开发出三级洗涤 + 静电除雾治理技术。该项目攻克了一直以来普遍困扰谷氨酸发酵行业以及整个氨基酸发酵行业的喷浆造粒烟气异味难题，在全世界处于领先地位。同年底，通辽梅花公司投资 4500 余万元完成该科研成果的工业转化应用工作。① 目前，通辽梅花公司针对造成空气中异味的挥发性有机化合物处理率已由最初的 40% 提至 100% 。2010 年工信部将此技术连同复合肥生产工艺一同列入发酵行业清洁生产技术推行方案中，并在全国进行示范推行。②

第三，通过技术创新将废水废物转化为生产饲料和复合肥，

① 徐健：《通辽梅花公司五年投入 3 亿余元促清洁生产》，《通辽日报》2011 年 7 月 27 日 1 版［2016 - 01 - 05］，http：//epaper. tongliaowang. com/html/2011 - 07/27/content_ 36810. html。

② 王世甫：《通辽梅花：全力打造氨基酸生物发酵龙头企业》，《通辽日报》2012 年 8 月 10 日 1 版［2016 - 01 - 05］，http：//epaper. tongliaowang. com/html/2012 - 08/10/content_ 59376. html。

找到环保与效益之间的平衡。在味精生产过程中产生的高浓度有机废水中含有大量发酵菌体、氨基酸类有机质和无机盐分，通辽梅花会先将废水中的发酵菌体提取出来生产饲料用菌体蛋白，再将废液进行蒸发浓缩、喷浆造粒，生产复合肥。① 这一方面成功达到了减排的目标，每年实现减少 COD 排放总量达 20 万吨，另一方面提高了企业的竞争力，目前，通辽梅花目前已经建成年产三十万吨复合肥的复合肥生产线。其产生的价值远远大于污水处理所需要消耗的资金。② 这进一步提高了通辽梅花通过技术创新进行节能减排的积极性。

（二）行业技术亟待突破，节能减排受限较大的行业

另外，在内蒙古还存在着一些行业，其使用的生产技术在节能减排方面目前面临着技术瓶颈的制约，环保技术创新暂时停滞，因而节能减排也受到很大限制。其中，电解铝行业就是一个典型。

内蒙古也是电解铝的生产大省，而电解铝本身又是典型的高耗能、高污染行业，因此电解铝行业的节能减排对于整个内蒙古节能减排的意义重大。但是，课题组在与内蒙古政府相关部门的座谈以及在对内蒙古电解铝生产企业的调研中发现，目前内蒙古电解铝企业的生产技术在节能减排方面已经面临着技术瓶颈的制约。当前，内蒙古大型的电解铝企业所使用的生产设备和生产技术已经达到了国内先进水平，近几年来，内蒙古多家电解铝企业的电耗均低于国家加价限额，说明内蒙古电解铝企业的能耗在全国来说是相对较低的。也说明未来几年，内蒙古电解铝的节能减排空间有限。

---

① 胡宇萍：《从梅花味精看企业如何实现科学发展》，《科尔沁都市报》2012 年 3 月 6 日 3 版。

② 文远哲：《梅花生物科技集团：我们在环保与效益之间找到了最佳平衡点》，《科尔沁都市报》2011 年 5 月 9 日 7 版。

限制电解铝企业加大技术研发投入，进行技术创新的一个最重要的原因则是，目前电解铝行业整体仍然处于产能过剩、多数企业经营困难甚至持续亏损的窘境。例如，包头铝业有限公司由于没有自备电厂而且不享受优惠电价，每生产一吨铝都要产生两千元左右的亏损。在这种状态下，企业更加没有进行技术创新来推动节能减排的空间和动力。电解铝企业当前的首要目标是生存下来，只有扭转了亏损并实现盈利，企业才有能力和动力去思考促进环保技术进步的问题。

因此，总体而言，内蒙古电能铝行业在通过技术创新来实现节能减排的这个路径上已经受到了限制，需要等待行业技术有了新的突破才能有效地推动节能减排的发展。

五　关于内蒙古政府在技术创新与节能减排工作方面的一些总结和建议

（一）制定适当的地方环境管理政策来激发企业进行环保技术创新

从内蒙古的很多行业可以看到，在适当的政策条件和行业环境下，企业完全有动力也有可能通过环保技术的创新来实现大幅节能减排，甚至由于节能减排而盈利。因此，政府首先需要坚定信心，加深对于节能减排与经济发展能够实现协调发展和双赢的认识，并将这种认识进行有效的宣传，传导给企业和公众。同时，综合考虑能促进技术创新的环境管理政策应具备的特征，针对不同行业的特点，进一步完善地方政府相关的环境管理政策。

（二）对已取得成效的节能技术进行宣传和推广

在部分行业和企业中，许多新的节能技术已经被实验证明取得了较大的成效。其中，有一些技术属于通用型技术，或者是经过修改就能广泛运用于其他行业或企业的技术，例如余热回收和余热发电技术，在许多行业的高温生产环节都可以被采用。政府可通过适当的手段对这些技术进行宣传和推广。另外还有一些技术，虽然具有较大的行业局限性，并不适合大范围推广，但其蕴含的节能减排的思路也可能会对其他企业和行业有借鉴意义。因此，政府应该创造有利的条件，通过各种形式对已取得成效的节能技术进行宣传和推广。例如，可以定期举办展览和推介会，邀请在节能减排方面取得重大进展的企业进行经验的介绍和相关技术的展示，等等。

（三）政府加大推动基础性研究，推动产学研结合，为面临技术瓶颈的行业提供基础性研究的支撑

对于像电解铝这样面临技术创新与升级的天花板的行业，一方面需要企业自身根据生产过程和现有的工艺流程等方面遇到的问题进行研究，寻求技术创新和升级的突破点；但由于已经面临技术瓶颈，这种情况下所能产生的技术研发，往往是修补性的、涉及面较小的技术，可能对推进节能减排的作用并不太大。当整个行业都面临技术瓶颈的限制时，技术创新和进步往往并不来自行业本身，而是需要与其相关的基础性研究有新的进展，才能从根本上推动行业技术的进步与创新。因此，政府应该加大推动高校等研究机构进行相关的基础性研究，推动产学研的紧密结合，并通过组织实施科技重大专项，建设创新平台等方式来引领技术研究的行业方向。

由于全国的电解铝产能大部分集中在内蒙古，相对而言，其他省市地区在推动与电解铝相关的技术研发的主动意愿会比较弱，因此，内蒙古更多地需要依靠自身的力量来推动相关技术的研究。而且，对于电解铝这种目前仍处于经营困难阶段的行业而言，政府需要酌情给予一定的技术研究经费支持。

（四）对于目前暂时无法通过技术创新来实现节能减排的行业要正确看待

既要坚持节能减排的要求，同时也要正视行业客观存在的压力。宏观上推进淘汰落后产能，微观上可鼓励企业通过加强内部管理等其他手段来实现节能减排。

对于电解铝这种既具有高污染高耗能特点，同时又面临整个行业的技术创新瓶颈的产业而言，需要正确地看待。首先，仍然要对行业坚持节能减排的要求。这一方面是由行业本身的特点决定的。当前我国面临的生态环境压力不断增大，高污染高耗能的发展方式本身就难以持续，如果不坚持节能减排的要求，由此产生的负面影响不仅仅局限于电解铝行业本身，整个自治区的经济发展方式转变甚至最终的经济增长可能都会受到影响。另一方面，只有始终坚持节能减排的要求，对于在位的企业而言，有盈利的企业才有推动力积极地寻找节能减排的路径；没有盈利的企业也会在综合权衡环保和经营等各方面因素的条件下考虑退出问题；新进入的企业也会更加注意环境保护方面的问题，从而不断地推动内蒙古自治区的产业结构不断优化、整体技术水平和环保水平不断提升。

在暂时无法通过技术创新来实现节能减排的情况下，在宏观上，政府仍然要持续推进淘汰落后产能的工作，因为落后产能很难转化为先进的产能，继续保留不仅无益于节能减排，甚至也无益于企业扭亏为盈。在微观上，政府可鼓励企业通过加强内部管理等其他手段来实现节能减排。例如，在产前和产中加强对材料使用的精确计算和控制；加强对市场需求的调研和估算，更准确地安排本企业的产量，等等。这些仍然是可以考虑的有效的节能减排手段。

第七章　内蒙古自治区各地区节能减排成熟度研究

一　问题的提出

（一）研究背景

“十二五”期间，我国各地区以及各行业面临着非常严峻的节能减排目标。我国于2015年对国际社会承诺“到2020年我国单位国内生产总值CO_2排放比2005年下降40%—45%”。一方面我国正在经历工业化进一步深化发展、城镇化进程加快、消费结构升级的阶段，自然而然对能源的刚性需求不断增加，而另一方面我国也面临着资源环境的严重制约、国际贸易保护主义的抬头以及新能源技术创新缓慢。这两方面的同时作用下，我国在保证经济稳增长的同时，完成既定节能减排目标任务艰巨。内蒙古自治区作为我国的能源的生产、输出、消费和资源大省，节能减排自然也给内蒙古各地区的工业带来很大的增长压力。作为一直保持经济稳定快速增长的能源大省，在保持经济快速增长的条件下如何进一步推动工业化的发展和工业结构改革以及完成节能减排任务是内蒙古自治区未来发展的重点。

为了更好地研究内蒙古自治区节能减排和经济增长之间的关系，此次课题组主要对内蒙古七个地区进行了详细的调研。这七个地区分别是呼和浩特、包头、呼伦贝尔、通辽、鄂尔多斯、巴彦淖尔以及乌海。这七个地区有着不同的经济发展阶段以及各自不同的产业特点，所以本章的内容旨在通过数理模型的建立以及数据的应用研究内蒙古从2008年到2013年这七个地区在节能减排的发展阶段上的地区差异。

（二）研究内容

本章侧重利用科学的量化分析方法建立各地区节能减排成熟度指数来体现内蒙古各地区在节能减排发展阶段上的地区差异。明确了地区差异，才能更好地制定各地区节能减排政策和目标，保持经济稳步增长。本章将内蒙古各地区节能减排成熟度指数作为对各地区节能减排发展阶段的划分依据。

（三）研究思路

调研组于2015年9月份开始对内蒙古自治区各地区进行调研。对文章上述所提到的七个盟市进行了实地调研。这七个地区横跨内蒙古自治区，代表了各区域经济结构特点和节能减排的差异。深入了解了各地区的自然生态、社会形态、经济发展、各地区与各产业节能减排的情况和问题等信息。在文献和数据的整理基础上，本章将应用Kaya恒等式这个能够体现能源结构和经济增长所关联的数学公式来展开内蒙古各地区节能减排差异的研究。对Kaya恒等式所涉及的参数进行数据收集，并且建立节能减排成熟度所涉及的三个指数的数学模型。通过数理模型和数据的应用得出计算结果并且对计算出的节能减排成熟度指数进行分析，将七个地区进行节能减排阶段性划分。根据所得结果，分析未来内蒙古节能减排工作的重点领域和方向。

二　成熟度研究方法确认以及数据处理

（一）研究方法确认

本章将应用与王文举、李峰（2005）类似的方法对内蒙古自治区进行节能减排成熟度的研究。首先，单位GDP碳排放一直以来都是我国衡量碳排放的主要指标之一，将碳排放问题和我国经济增长紧密的联系了起来。这也说明，我国的碳排放问题不仅是能源结构和能源消费问题，也是经济增长问题。而对 Kaya 恒等式进行因式分解可以正确地理解经济增长和碳排放之间的关系。Kaya 恒等式是把碳排放这个因素分解为人口、人均 GDP、能源消耗强度，以及能耗碳排放强度四个因素来解释碳排放关系的公式。把经济增长和碳排放的关系转化为 Kaya 恒等式后表现为：

$$C/V = (E/V) \cdot (C/E) \tag{1}$$

这里，C 代表碳排放量，V 代表产值，E 代表能源消耗量。从而可推出 C/V 为碳排放强度，E/V 为产值能耗强度，C/E 为能耗碳排放强度。这个公式代表碳排放强度是由产值能耗强度和能耗碳排放强度共同决定的。以碳排放强度为指标可以体现出工业碳减排的成效。以产值能耗强度和能耗碳排放强度为指标可以体现出工业碳减排的驱动因素。

（二）数据选取及处理

根据 Kaya 恒等式所显示的参数，我们可以将数据锁定在 C、V、E 所对应的数据上。即碳排放量、产值和能源消耗量。这些数据的采集均来自各地区的统计年鉴。其中碳排放量通过年鉴数据推算得出。

1. 工业销售产值

工业销售产值在本章中主要指规模以上工业销售产值。各个地区的数据可以在统计年鉴的工业一栏中规模以上主要经济指标中获得。各个地区的工业销售产值数据均按照当年价格计算。工业销售产值数据相对来说较容易处理。

2. 工业能源消耗量

能源消耗量包括能源终端消费量、能源加工转换损失量和能源损失量三部分。本章使用能源终端消费量为能源消耗量的代理变量。其中，工业能源消耗量代表规模以上工业能源消耗量，并且能源消耗量的单位使用统一的热量单位（标准煤）。这些数据可以在统计年鉴中能源消费项目下单位 GDP、工业增加值能耗、规模以上工业能源消耗量中获得。此研究所有的能源消耗单位为标准煤。

3. **工业碳排放量**

工业碳排放主要来自工业生产所使用的化石能源等。内蒙古自治区碳排放测算工作刚刚起步，所以历史碳排放量数据欠缺。在此本章将采取 IPCC——即联合国政府间气候变化专门委员会——所提供的 CO_2 排放估算参考的方法来计算内蒙古各地区工业碳排放量的数量。统计年检中在规模以上工业企业主要能源消费量中可以收集到各种化石能源的消费量，同时将这些消费量利用 IPCC 估算方法所提供的能源排放系数计算出碳排放量。公式为碳排放量 = Σ 能源 i 的消费量 · 能源 i 的排放系数（i 为能源种类）。这种方法所获得的碳排放量结果可能和官方统计结果会有不同。首先，官方所使用碳排放量的计算方法可能和本章所使用的方法有差异。再次，统计年鉴只列出了主要能源的消耗量，可能存在对一些化石能源消耗量的忽略。再次，IPCC 所提供的碳排放估算方法本身就是估算的性质，因此会与实际碳排放量有一定不同。所以，本章计算出的碳排放估算量可能和官方以后公布的碳排放量有所偏差。

三 成熟度指数的构建

（一）指数构建

成熟度指数的含义将引用王文举、李峰（2015）的文章中所作出的解释，即"成熟度是强调对事物发展度的描述，也是对事物协调度及协调发展度的综合性描述和度量"。所谓成熟度指数也就是包括发展度、协调度以及协调发展度的综合描述。所以，我们在这里将分别构建内蒙古各地区相对发展度指数、相对协调度指数以及相对协调发展度指数。在各地区的比较中，相对发展度是对各地区碳排放强度的发展水平进行测度，用以比较各地区验机安排最终成效情况。相对协调度则用于测量对各地区产值能耗强度和能耗碳排放强度之间的协调水平，比较各地区碳减排驱动因素间的协调情况。相对协调发展指数则对各地区碳排放相对发展水平和相对协调水平之间的和谐发展程度进行测量，用于比较各地区碳减排的发展水平和协调水平的综合平衡情况。

对相对发展度和相对协调度指数的构建，本文将使用灰色关联度分析方法。灰色关联度方法是灰色系统理论的重要组成部分。这种方法适用于部分数据已知、部分数据未知并且数据样本小的不确定性系统。而内蒙古碳排放地区性差异的研究数据刚好符合此种研究方法的描述。对于各地区相对发展指数，我们将使用邓氏灰色关联度模型来进行测量。这种方法体现的是根据序列曲线几何形状的相似性程度来测量因素间关联的紧密程度。而对于相对协调性指数和相对协调发展度指数，我们可以使用几何平均法的计算方法来测算。依据以上方法，我们将成熟度指数进行以下处理。

（二）成熟度指数处理

1. 各地区工业碳减排相对发展指数

邓氏灰色关联度的基本思想就是测试序列对应点之间的距离而推出参数变化趋势的相近性。首先的工作是确定参考序列，再建立比较序列。假设参考序列是全地区最优的发展序列，那么比较序列与参考序列的关联度越高也就说明比较序列的发展路径越接近最优发展路径，而发展程度也相应更高。那么可以形成以下序列：被比较的地区有七个，那么 $i=1, 2, 3, \cdots, 7$，i 代表各地区，比较时期为 n 个年份，假设 x 为产值碳排放强度，那么我们有第 i 个区域的比较序列 $x_i=\{x_i(1), x_i(2), \cdots, x_i(n)\}$，参考数列为 $x_0=\{x_0(1), x_0(2), \cdots, x_0(n)\}$，由于产值碳排放强度与工业碳减排水平呈负相关关系，那么参考序列所代表的产值碳排放强度应当在各地区为最低值的集合，那么$x_0(k) = \min_{1 \leq i \leq m} \{x_i^{x(k)}\}$，$k = 1, 2, \cdots, n$，那么第 i 地区在 k 年的灰色关联度系数的计算方法就是：

$$\alpha_i(k) = \frac{\Delta_{min} + \rho \Delta_{max}}{\Delta_{ik} + \rho \Delta_{max}} \tag{2}$$

这里ρ代表分变系数，按照通常算法取值应当为 0.5，$\Delta_{min} = \min_i \min_k |x_0(k) - x_i(k)|$，代表所有年份中全部比较系列与参考序列绝对差的最小值，而$\Delta_{max} = \max_i \max_k |x_0(k) - x_i(k)|$，相反为所有年份中全部比较系列与参考序列绝对差的最大值，并且$\Delta_{ik} = |x_0(k) - x_i(k)|$，代表第 k 年 i 地区的比较序列与参考序列的绝对差。所以$\alpha_i(k)$第 k 年 i 地区的碳减排相对发展指数，从此函数可以看出碳减排相对发展指数的取值在 0 到 1 之间，并且数值越大代表此地区此年份的碳减排相对发展水平越高。

2. 各地区工业碳减排相对协调指数

我们在上文中已经求出了产值碳减排强度，即 C/V，我们还要相应求出产值能耗强度 E/V 和能耗碳排放强度 C/E。假设我们用 y 代表产值能耗强度，用 z 代表能耗碳排放强度，那么我们也可以应用求出$\alpha_i(k)$的方法求出产值能耗强度和能耗碳排放强度的碳减排相对发展指数，我们分别用$\sigma_i(k)$和$\tau_i(k)$来表示。相应的这两个指数代表第 k 年 i 地区的产值能耗强度和能耗碳排放强度的碳减排相对发展指数。那么相应对$\sigma_i(k)$和$\tau_i(k)$进行几何平均得出的结果就是第 k 年 i 地区的碳减排相对协调度指数。我们用$\beta_i(k)$来表示，则：

$$\beta_i(k) = \sqrt{x} \tag{3}$$

利用公式（3）我们可以顺利求出第 k 年 i 地区的碳减排相对协调指数。此指数取值也在 0 到 1 之间，随着数值越大，那么也代表碳减排相对协调水平越高。

3. **各地区工业碳减排相对发展协调指数**

由于不同年份不同地区的碳减排相对发展指数和相对协调指数会出现不同步的现象，即范柏乃（2013）所提到的情况，也就是说经济发展中存在低水平发展而实现高协调度的情况。那么协调度指数就不能完全反映经济发展中各个参数发展的整体情况。所以，我们还需要进一步求出能够综合相对发展和协调的相对协调发展指数。在此，我们对用公式（2）和公式（3）所得出的指数进行几何平均。即：

$$\gamma_i(k) = \sqrt{x} \tag{4}$$

此公式所代表的意思为第 k 年 i 地区的碳排放相对协调指数。此指数取值在 0 到 1 之间，随着数值越大，那么也代表碳减排相对协调发展水平越高。

4. **指数处理**

应用各个地区数据，分别求出每年实际 C/V、E/V 以及C/E的数值即 x，y，z 的实际数值。利用公式（2）、（3）、（4）分别求出每个地区每个年份的 α，β，γ 指数，再对这 3 个指数进行百分制处理。此处引用陈家贵（2006）所用方法将测度指数表示的成熟度分为 4 个阶段，分别是 Ⅰ（指数大于等于 0，小于等于 35）低水平阶段；Ⅱ（指数大于 35，小于等于 70）较低水平阶段；Ⅲ（指数大于 70，小于等于 85）较高水平阶段；Ⅳ（指数大于 85，小于 100）非常高水平阶段。从而对内蒙古自治区七个盟市工业碳减排成熟度水平以及所处阶段进行评价和分级。

四 内蒙古自治区各地区工业碳减排相对成熟度实证分析

（一）各地区主要数据整理

接下来应用各地区统计年鉴中的能源消耗量、工业产值与从能源消费项目中计算出的碳排放量来依次求出 x、y、z（C/V，

E/V，C/E）数值，这三个数值分别是 Kaya 恒等式中的碳排放强度、产值能耗强度和能耗碳排放强度。具体请见表 7—1。

表 7—1　**各地区碳排放强度、产值能耗强度以及能耗碳排放强度**　（单位：）

区域	盟市	碳排放强度		产值能耗强度		能耗碳排放强度	
		2008 年	2013 年	2008 年	2013 年	2008 年	2013 年
蒙东	呼伦贝尔	2. 29	1. 68	0. 65	0. 91	1. 50	1. 53
	通辽	1. 49	0. 54	1. 24	3. 43	1. 84	1. 87
蒙中	呼和浩特	2. 08	1. 46	0. 96	1. 15	2. 01	1. 68
蒙西	包头	1. 95	1. 30	0. 47	0. 71	0. 91	0. 92
	巴彦淖尔	1. 47	2. 25	0. 64	0. 40	0. 94	0. 89
	鄂尔多斯	1. 76	2. 10	0. 53	0. 47	0. 93	0. 99
	乌海	11. 92	10. 30	0. 08	0. 09	0. 99	0. 98

数据来源：摘自各旗市的统计年鉴中能源、工业产值以及能源消耗项目。

表 7—1 中每个区域和旗市的碳排放强度、产值能耗强度和能耗碳排放强度是根据每个地区每年的工业产值、能源消耗量（万吨标准煤）以及使用各地区的能源消耗数量，利用 IPCC 碳排放公式所算出的碳排放量计算得出。表 7—1 的数据等于求出了每个地区每年相应的 x、y、z 数值。

（二）内蒙古自治区各地区工业碳减排相对成熟度指数分析

利用表 7—1 中求出的每个地区的相应 x、y、z 的数值，并且将每年的数值代入式（2）、（3）、（4）中求出相应的 $\alpha_i(k)$、$\beta_i(k)$ 以及 $\gamma_i(k)$，我们可以得出各个地区不同年份的指数对比情况。具体各地区指数结果和所处阶段请见表 7—2。

我们把这七个盟市分别分为蒙东、蒙中以及蒙西地区，这样不仅可以看出每个盟市碳减排相对成熟度指数的对比，并且可以看出区域之间碳减排相对成熟度指数的对比。按照地理位置，把呼伦贝尔和通辽归入蒙东地区，将呼和浩特归入蒙中地区，并且把包头、巴彦淖尔、鄂尔多斯以及乌海并入蒙西区域。

表 7—2　　　　　　　　**内蒙各地区碳减排相对成熟度指数**

区域	盟市	发展度指数				协调度指数				协调发展度指数			
		2008 年		2013 年		2008 年		2013 年		2008 年		2013 年	
		指数	阶段	指数	阶段	指数	阶段	指数	阶段	指数	阶段	指数	阶段
蒙东	呼伦贝尔	84.46	Ⅲ	81.05	Ⅲ	49.18	Ⅱ	53.93	Ⅱ	65.21	Ⅱ	66.12	Ⅱ
	通辽	99.65	Ⅳ	100	Ⅳ	35.07	Ⅱ	33.33	Ⅰ	59.11	Ⅱ	57.74	Ⅱ
蒙中	呼和浩特	89.52	Ⅳ	84.23	Ⅲ	36.37	Ⅱ	48.43	Ⅱ	57.06	Ⅱ	63.87	Ⅱ
蒙西	包头	91.53	Ⅳ	86.66	Ⅳ	77.61	Ⅲ	83.23	Ⅲ	84.28	Ⅲ	84.93	Ⅲ
	巴彦淖尔	100	Ⅳ	74.14	Ⅲ	69.26	Ⅱ	92	Ⅳ	83.22	Ⅲ	82.59	Ⅲ
	鄂尔多斯	94.72	Ⅳ	75.8	Ⅲ	74.12	Ⅲ	82.31	Ⅲ	83.79	Ⅲ	78.99	Ⅲ
	乌海	33.33	Ⅰ	33.33	Ⅰ	93.06	Ⅳ	92.41	Ⅳ	55.7	Ⅱ	55.5	Ⅱ

资料来源：笔者计算整理。

（三）数据分析

首先，对比 2008 年和 2013 年各地区的碳减排相对发展指数我们可以发现，蒙西地区指数有很明显的下降趋势。除了乌海以外，其他三个盟市在 2008 年均处于高水平碳减排阶段的第四阶段，而 2013 年只有包头出现小幅度下降并还处在第四阶段，巴彦淖尔和鄂尔多斯已经下降到第三阶段，并且指数下降幅度较大。这说明这三个盟市的工业碳减排水平在这几年中出现了明显的下降趋势，碳减排能力远没有达到与经济发展同样的发展速度。乌海市所处碳减排阶段相比其他盟市有一定的差距，并且其碳减排能力仍处于非常低的第一阶段。乌海市的工业碳减排指数在 2008—2013 年中没有发生变化，说明随着经济的发展，乌海市的工业碳减排能力没有进一步恶化，保持了 2008 年的水平。而反观蒙西地区的碳减排相对协调度指数，除了乌海出现小幅度下降以外，其他三个盟市均出现了指数大幅度上涨的现象。并且在 2013 年蒙东地区的盟市均处于第三或第四高水平阶段。另外，蒙东地区的工业碳减排相对发展协调指数在 2008 年至 2013 年之间相对保持稳定，没有出现大幅度变化。与其他地区不同的是，蒙西地区的盟市普遍发展度指数在 2008 年高于相对协调度指数，而 2013 年发展度指数低于协调度指数，这也说明了经济发展的过程中给这些盟市的能源消费结构带来了优化的效果，对煤炭的依赖性有可能减少。

再次，蒙中地区的代表城市呼和浩特市的工业碳减排相对发展指数在 2008 年至 2013 年发生了小幅度下降，并且从非常高水平的第四阶段下降到较高水平的第三阶段。这代表呼和浩特市的碳减排能力有小幅度下降。呼和浩特市的碳减排相对协调度指数在这 5 年间有所增长，但是仍处于较低水平的第二阶段。协调发展度指数也有一定幅度的增长，但是也处于第二阶段。

最后，蒙西地区盟市则不仅在 2008 年实现了较高水平的碳减排水平，并且 2013 年仍然保持了较高的水平。通辽市与呼伦贝尔市相对发展度指数变化不大。同样，这两个盟市的相对协调度指数和相对发展协调度指数也没有发生很大变化，并且都处于较低水平阶段。

表 7—1 也说明另外一个现象，经济较为发达的区域普遍有更高的碳减排水平，而经济不太发达的地方所处的碳减排水平也较低。蒙东、蒙中地区相对发展度指数普遍高于相对协调度指数，这说明在这些区域节能碳减排技术提升给产值能耗强度下降带来推动作用，并且经济的发展也可能加深这个区域对以煤炭为主的能源消费结构的依赖，不利于碳减排成熟度指数的降低。而蒙西地区在 2008 年时和蒙东、蒙中地区的情况一样，但是 2013 年发生了很大变化，蒙西地区的相对发展度指数普遍低于相对协调度指数。这说明在蒙西地区发展节能碳减排技术并没有给产值能耗强度带来下降的效果，但是这个地区经济的进一步发展也没

有加深这个区域能源消费结构对煤炭的依赖程度，有利于这个地区降低碳减排成熟度指数。所以，对于不同的区域应当分别对待。在经济较为发达的蒙中以及蒙东地区，节能减排技术的应用使相应的产值能耗强度产生下降，不过经济的进一步发展会加深对煤炭消费的依赖。而蒙西区域则相反，节能减排技术的应用不会给该区域带来相应的产值能耗强度的下降，但是经济继续增长则会有利于该区域远离以煤炭为主的能源消费结构。

五　结论以及政策建议

（一）结论

本章利用灰色关联度分析方法和距离协调度模型，建立了相对发展度指数、相对协调度指数和相对协调发展度指数这三个可以说明内蒙古各地区工业碳减排成熟度的指数。并且从内蒙古三个区域以及七个盟市的层面分析了 2008 年至 2013 年工业碳减排区域性差异。

1. 从整体看来，内蒙古地区工业重型化的进一步发展没有使该地区碳减排成熟度指数得到上升。其中，所有盟市相对发展度指数都出现下滑趋势，蒙西地区尤为明显。但是蒙西地区相对协调度指数在这几年里得到了长足的增长。而相对协调发展度指数没有发生很大变化，所以这三个区域的碳减排能力整体变化不大。

2. 通过对这七个盟市碳减排成熟度指数的研究，可以看出蒙西地区的巴彦淖尔、鄂尔多斯以及包头地区的相对成熟度指数均值都高于其他盟市。乌海市与蒙中、蒙东地区的相对成熟度指数均值相近。

3. 某些地区发展水平与协调水平不同步。除了巴彦淖尔、鄂尔多斯以及包头地区外，其他盟市均存在碳减排成熟度所处的发展水平阶段和协调水平阶段不同步的现象，即存在某些地区高发展水平、低协调水平阶段的情况，而乌海市则出现了低发展水平、高协调水平阶段的情况。

（二）政策建议

2015 年 6 月，中国向联合国气候变化框架公约秘书处提交了应对气候变化国家自主贡献文件《强化应对气候变化行动——中国国家自主贡献》，提出到 2030 年，单位国内生产总值 CO_2 排放比 2005 年下降 60%—65% 等目标。CO_2 排放 2030 年达到峰值并且争取更早达到峰值，非化石能源占一次能源消费比重达 20% 左右。说明中国向世界宣示了中国走以“增长转型、能源转型和消费转型”为特色的绿色、低碳、循环发展道路的决心和态度。这也表明了我国工业经济发展将进一步面临巨大的转型压力。内蒙古自治区作为中国工业能源消耗的大省，也将面临较大的工业转型的压力。以此研究未来新形势下中国节能减排进程，在此提出以下建议：

1. 要重视同时降低能耗碳排放强度和产值能耗强度。由于相对发展度水平与相对协调度水平出现不同步情况，则应当更加重视同时降低能耗碳排放强度和产值能耗强度。并且应当保证内蒙古各地区工业碳减排协调度水平和发展度水平同步提升。一直以来，内蒙古自治区受煤炭为主的能源消费结构的约束，从而把工业碳减排的重心倾向于降低工业产值能耗强度，而忽视了降低能耗碳排放的重要性。这也就导致了蒙东、蒙中地区工业碳减排协调度指数明显低于发展度指数。未来能源政策应当考虑从新能源开始，加大新能源开发和使用的政策扶持力度，同时引入合理的市场机制。从新能源的发展，进一步改变蒙东、蒙中地区能源消费结构的转变，逐渐从对化石能源的依赖向清洁能源的普及进行转型。对于乌海市，可以暂缓新能源技术的发展程度，而把重心放在整体经济发展进程中，从而使其减少对煤炭为主的能源消费结构的依赖。进而应当主要发挥能耗碳排放强度降低对工业产值碳排放强度下降的促进作用，并实现各地区工业碳减排协调度水平与发展度水平的同步提高。

2. 加强各地区碳减排技术交流与合作。加强内蒙古自治区各地区碳减排技术交流与合作，是促进各地区碳减排协调发展成为内蒙古自治区工业碳减排成熟度提高的主要手段。因为内蒙古自治区的各盟市有各自鲜明的经济发展方式，有的盟市的经济增长主要靠工业经济的推动，而有的盟市则依赖畜牧业的快速发展。这样碳减排所应用到的不同技术水平就会体现出来。所以，将来的主要发展道路就需要建立先进的碳减排技术由发达地区向欠发达地区转移的引导机制，也应当建立各地区之间的碳减排技术交流合作平台。对于经济发展先进的地区要制定更加严格的碳排放标准和碳排放措施，同时也要防止经济较不发达地区粗放型的经济发展方式，导致碳排放急速上涨，从而保证各地区协调发展，提高内蒙古自治区整体碳排放成熟度水平。

3. 推动工业结构转型升级。将改变工业重型化结构作为内蒙古自治区工业碳减排成熟度提升的重要内容。进入 21 世纪以来，内蒙古自治区经济进入了新一轮经济增长周期，三次产业的结构调整变化缓慢，以资源消耗、环境污染较重为特征的重化工业发展占据经济发展的主导地位。而工业结构重型化趋势所导致的能源消耗增长加剧，这也是碳排放总量一直快速增加的重要原因。直接对现有工业结构做出调整会限制内蒙古自治区经济发展的进程。因此，要对存量调整和增量调整进行区别对待。对现有的重工业行业要设置明确的节能减排标准和落后产能的淘汰机制，对重工业行业的投资标准进一步提高，减少重工业发展的速度，从而提升其碳排放数据。对新增的能源节约型高新技术产业要降低其准入标准，对于技术创新和研发提供相应的政治扶持，从而不断地提高此产业在工业中的占比。同时，对产值占比较大的重工业行业设立更加严格的碳排放措施，从而弱化当前工业结构对内蒙古自治区各地区整体碳减排成熟度水平提升所造成的负面影响。

第八章　加快解决内蒙古自治区节能减排与经济协调发展的若干政策建议

受资源禀赋和所处发展阶段等因素影响，内蒙古自治区经济增长对煤炭资源的依赖程度较高，产业结构重型化特征突出。按照自治区在全国的发展定位，能源重化工产业仍是发展重点，在面临节能减排和经济结构调整的双重压力下，实现内蒙古自治区跨越式发展，关键在于要把握好节能减排的重点发展方向，实现经济发展方式的转变，真正协调好节能减排与经济社会发展之间的关系。

一　积极推进内蒙古产业转型升级

内蒙古的主要行业多是资源型行业，要通过减少资源使用量的方式来实现节能减排的空间非常有限。而且，作为处于追赶阶段的欠发达地区，自治区提出“十三五”时期 GDP 要以高于全国的速度增长，而经济规模的快速扩大必然带来能源消费的绝对量增长。因此，内蒙古应该特别重视通过技术创新来实现节能减排，以实现经济增长、节约资源和保护环境的协调发展。

（一）加快推进自主创新，实现传统资源产业转型升级

资源禀赋决定了内蒙古以煤为主要能源的能源结构，而且这

种能源结构在未来相当长的一段时期内不会发生根本性改变。节能减排压力虽然增加了企业成本，当然企业也会通过各种方式来弥补这种成本，但是，技术创新是维持企业的竞争力、拓展发展空间的最优方式。因此，节能减排同时也是企业主动进行技术创新的强大推动力。

从自治区层面来看，要在全面、客观、准确地把握各地区资源型产业发展优势与趋势的前提下，科学地制定各区域经济社会发展规划、产业发展规划，选择有条件的地区试行“多规合一”，明确不同区域、不同阶段产业发展的方向，通过市场手段调控产业转型升级，有效引导，使产业转型升级能够符合自治区经济社会发展要求，符合全区未来产业发展方向。

随着落后产能的逐步淘汰，以及近年来对新上项目节能减排要求的提升，内蒙古高耗能产业的节能空间将逐步缩小，技术创新的节能难度也在加大。但只有在这个过程中，企业才会真正意识到自身在资源配置方面存在的非效率行为与不足，这有利于提升企业进行技术创新的意愿。当整个行业都面临节能减排要求的时候，企业在增加研发投入时所面临的政策不确定性就会大大减少，从而使企业将为节能减排而进行的技术创新努力长期化。这样才能真正实现持续的、能够带来经济增长与生态环保双赢的节能减排。而且，在这个过程中还可能会产生出新的产业，甚至会从根本上改变产业结构。也就是说，科技创新与进步能够使传统的产业部门采用新技术、新工艺和新装备来提高生产率，促进产品更新换代，进而顺利推动经济的转型升级。同时，还能够实现供给结构、需求结构、就业结构、行业生产率以及贸易结构优化与升级。

（二）加强政府体制机制创新

提升各级政府的服务意识，营造产业发展良好环境；严格履行管理职责，加强监督管理，强化节能减排和排污治理行政问责制度。建立区域间转型和升级、经济利益协调与监管的有效机制，协调自治区各地区之间的经济利益，实现资源配置效率的最大化。

1. 加快理顺资源产权关系，探索政府对资源资本化的有效方式。鼓励资源配置与转化项目打包招商，以市场为纽带，实现自然资源的潜在市场价值。

2. 发挥能源价格的杠杆作用，科学合理的配置市场资源，在关系国家能源安全的、本地资源禀赋比较好的煤炭、电力和石油方面，应该积极推行区域能源价格稳定机制，推动能源价格的市场化改革。用足用好国家电力多边交易政策，电力多边交易行业目录要与地区产业分工、扶持贫困地区发展、重点园区集中集聚发展、承接产业转移、推动城区资源型项目退出等相结合，通过电价引导产业合理布局。实施工业用水分类价格改革，适当提高工业用水价格和污水处理费，实行超计划、超定额累进加价收费。具备主管网直接供气的大工业企业，实行直接供气价格。

3. 实行严格的污染物排放总量控制指标，根据环境容量制定产业准入环境标准，推进排放权、排污权制度改革，合理控制排放、排污许可证的增发，制定合理的排放、排污权有偿取得价格，积极实行规划区域率先开展排放、排污权有偿使用和交易试点，支持工业园区和新建项目通过交易获得排放排污权。严格实行节能减排目标考核责任制。

4. 对引进和培养高层次人才、建立重点实验室和工程技术研究中心成效显著的园区，自治区给予奖励。实施教育移民，有条件的地方可将农村牧区中考、高考未入学的初高中毕业生全部转入职业学校免费进行职业教育，为产业转型升级储备技术人才。

（三）促进内蒙古资源型产业和非资源型产业的协调发展

资源型产业是内蒙古等资源型省区依赖丰富的资源禀赋培育起来的具有竞争优势的产业，其在“十三五”及相当长的一段时期内，仍然是主导产业和支柱产业。资源型产业转型升级的实质是逐步减少对资源的依赖，培育和发展精深加工，借助资源型产业发展所带来的市场空间和发展机遇，发展非资源型产业，也是资源型产业转型升级的一个重要内容。资源型产业和非资源型产业，是一种相互依赖、动态均衡的共生关系。一方面，资源型产业的发展给非资源型产业带来了良好的市场机遇，另一方面，非资源型产业的发展也将推动资源型产业的发展。所以，内蒙古等资源型省区必须正确把握产业演进与发展的一般规律，注重发展非资源型产业作为接替产业，实行“资源开发型产业与非资源型产业并举”的协调发展战略，充分挖掘和依托省区内的自然、人文等资源禀赋，实现产业多元化发展。

1. 因地制宜打造独具特色的现代装备制造业。

随着全国结构调整和产业升级，内蒙古在立足于现有的资源型产品的基础上，充分利用呼、包、鄂的资金、技术和人才等优势，因地制宜打造出独具特色的现代装备制造业基地。紧紧围绕大产业、大集团、大园区，突出抓好煤矿机械及配套产业、航空航天及配套产业、风电设备制造及配套产业、化工机械及配套产业以及冶金和有色金属、汽车及配套产业等产业的转型升级；加快推进高新技术产业化进程；加强稀土资源的调控与整合，大力推进稀土深加工技术研发和相关产品应用。

2. 大力发展生产性服务业。

生产性服务业与资源型产业之间是一种相互依赖、互为因果的共生关系。资源型产业借助生产性服务业的专业化优势和规模优势来提升生产效率和竞争力，而资源型产业又是生产性服务业的主要服务对象，资源型产业的发展将拉动生产性服务业跨越式发展。内蒙古资源型产业规模很大，但是资源型产业的生产性服务需求没能转化成有效的市场需求，生产性服务的市场供给未能有效地促进市场需求。当前，内蒙古生产性服务业增长速度长期滞后于服务业总体增长速度，比工业增长速度落后得多。生产性服务业发展滞后，制约了内蒙古等资源型省区工业向高端发展的进程，成为区域经济结构失衡、资源环境压力加大、经济增长效率不高等突出问题的重要原因之一。

所以，如果不改变资源型产业的生产性服务需求与市场供给之间这种不协调、低效率的共生关系，资源型产业就不能借助生产性服务业的专业化优势和规模优势来提升生产效率和竞争能力，而生产性服务业也不能依托和借力资源型产业带来的市场需求和发展空间来促进自身的发展壮大。因此，要顺应生产性服务业与资源型产业关联度日益提高的趋势，促进专业化分工，降低生产成本，提高经济效益，必须大力发展生产性服务业。新型工业化所要求的生产性服务业通常都是知识、技术、人力资本较为密集的服务部门，包括软件信息服务、物流服务、专业技术服务、金融服务等。因此，必须大力发展这些服务部门，充分发挥其行业带动作用。

二　建议国家有关部门：节能减排的指标分配要与内蒙古等资源型省区发展阶段相匹配

内蒙古等资源型省区作为煤炭资源富集的西部地区，在清洁能源输出方面发挥了重要作用；而且这些省份的经济社会发展相对于东部发达地区还比较滞后，目前还处于加速发展阶段。但是，国家目前的节能减排指标分配方法并没有考虑各地区的能源生产和消费结构，也没有区分能源消费过程中一次能源和二次能源消费的占比情况，特别是在能源输入和输出地区间节能指标分配上存在不合理的地方。这严重影响了这些省区的节能减排工作与经济社会协调发展。

（一）科学分配能源输出地与输入地的节能减排指标

作为能源输入地区，由于只考核产生于区域内的一次能源消耗和污染物排放，很少考虑其消费清洁能源隐含的资源环境成本。作为能源输出地区，通过外运或提供油气电能等二次清洁能源方式将能源输送到其他地区，但是由此产生的能耗和排放大部分计入能源输出地区，增加了西部能源输出地区的减排压力，影响了输出清洁能源的积极性，进而制约国家可持续发展战略的实施。

当前国家将内蒙古定位为清洁能源基地，由输出煤炭改为就地转化，向外输出清洁煤化工产品及电力为主。按照国家和地方相关规划，到2020年内蒙古每年需就地转化煤炭接近4亿吨，但节能减排指标对清洁能源基地加快发展和扩大规模产生了刚性制约，内蒙古在输出清洁能源的同时，能耗和排放指标都计入内蒙古当地，不够科学合理，也难以承担。如果指标分配方法不做出调整，会加大资源输出、输入地区节能减排责任的不匹配性，将严重影响清洁能源的输出和使用效率。

（二）尽快出台国家煤化工行业能耗统计标准

这种情况导致目前原料煤作为一次性能源消费被纳入能耗进行统计，加大了能源消耗总量，提高了完成节能减排任务指标。现在，除煤制油项目将原料煤扣除外，煤制烯烃、煤制甲醇等煤化工企业的原料煤消耗均纳入能源消耗统计范围。而这部分消耗实质上是一种物理形态的转化，并没有增加能源消耗，应当从能源消耗总量扣减。

（三）节能减排任务要与国家产业政策相协调

为优化全国的产业布局，国家出台了《关于重点产业布局调整和产业转移的指导意见》，提出的资源加工型产业优先向西部资源富集地区转移的战略。但是目前的节能减排指标设置导向却与之相矛盾。一方面，没有参考相关区域发展水平和发展潜力等不同因素，节能减排分配给西部地区的总量指标不足，与东部发达地区相比，西部的节能减排基数相对较小，如果按相同比例下调指标数，留给西部地区发展经济的节能减排空间将更加狭窄；另一方面，没有充分考虑不同行业能耗和排放的差异性，指标分配与各地产业结构特点和产业定位不相匹配。我国能源资源生产主要集中在西部，能源资源消费却集中在东部地区，能源资源赋存与能源资源消费逆向分布和流动，客观上造成了能源供需矛盾加剧、运输紧张、企业成本负担增加等。节能减排指标分配方法，没有考虑到西部资源富集地区重型化的产业结构特征而给予适当的政策倾斜，阻碍着西部地区资源加工型产业发展。根据规划，预计2020年前，内蒙古将有336亿立方米煤制气、592万吨煤制油相继投产，将减少原煤运输量近2亿吨。如加上电力用煤，全区原煤就地转化率将达到50%以上。不过，这些规划项目将会受到减排指标的制约，能否落地目前还很难说。

三 建议中央

（一）加大支持力度，给予财政税收等优惠扶持政策，促进内蒙古等西部资源型省区节能减排工作的深入

相对于发达地区来说，内蒙古等西部资源型省区在经济上长期处于弱势地位，许多影响该区域节能减排发展的活动都将受到限制，因此西部资源型省区为了维护全国的生态环境安全在经济上做出了很大的牺牲。对此，国家应对其给予各方面的政策优惠与扶持作为补偿。

1. 建立和完善对内蒙古等西部资源型省区财政支付政策，增加对这些地区的一般性财政转移支付，同时形成用于推广低碳经济发展方式活动的专项转移支付政策。将这些地区的生态环境修复、基础设施建设、低碳产业开发结合起来，实施退耕还林、还草政策，调整农业结构、能源结构，实现这些地区低碳经济的迅速发展。积极推进低碳标记，通过对西部地区以低碳方式生产的

产品加以标识，从而肯定其对可持续发展的贡献，一方面提高人们对低碳经济的认识，另一方面通过扩大这种商品的销量，鼓励西部低碳生产企业的发展，提高其市场竞争力，促进这些地区特色产业的发展。

2. 加大对内蒙古等西部资源型省区的环保投入力度。中央政府在统筹全国环保建设时，应尽力引导有限的资金倾向西部资源型地区，运用多种手段，通过财政转移支付、减免税收等方式，加大对这些地区的环境保护补偿力度。继续加大财政资金在高技术产业的投入力度，逐步提高节能环保产业引导资金占财政支出的比重。以财政补助、贴息、资本金注入等多种形式扶持基地公共服务体系和重大产业化项目建设，保证国家专项资金的配套。

3. 建立内蒙古等西部资源型地区综合性生态补偿机制。尽管西部资源型地区当前的低碳环境承载力水平较强，但由于生态环境的脆弱性，这个优势随时会发生逆转。因此，根据生态系统服务价值、生态保护成本、发展机会成本，综合运用行政和市场手段，调节生态环境保护和建设相关各方之间的利益关系。进一步完善有利于西部资源型地区低碳资源保护的税费政策，对开发利用生态资源的企业，实行征收相应的税费或补偿费，逐步扩大资源税的征收范围，将矿产、森林、草原、沙漠、滩涂、湿地等纳入其中，调整税额，把资源开采所造成的环境成本考虑进来。

（二）尽快实施国家大能源战略，推动内蒙古等资源型省区解决转型升级中的具有共性的特殊问题

内蒙古等西部资源型省区经济社会转型升级面临一系列特殊问题。这些问题的形成既有历史原因、体制原因，又有本区域自身的原因。因此，要解决这些特殊问题，一方面主要靠本区域自身的发展，依托资源优势，由资源大省转变为经济强省，将资源红利最大限度地转化为民生投资、人力资本积累、技术创新投资等；另一方面必须获得中央政府的政策和战略支持。有关资源领

域的许多体制机制和制度的不协调问题，需要中央和地方联手解决。

1. 以西部相关资源型省区为主，设立国家能源保障经济区

从根本上讲，资源型省区转型发展面临的特殊问题，就要改变过去那种单纯抽取式的能源基地建设的传统思维，在保障国家能源供应的情况下，要更加注重这些资源型省区自身的经济社会发展问题。如果没有这些省区经济社会的健康快速发展，能源保障就会失去应有的意义。因此，建议中央以西部主要资源型省区为主，设立国家能源保障经济区。这种战略构想与国家大能源战略、西部大开发战略和中部崛起战略并行不悖。这一思路，可以有效协调相关省区经济社会发展与能源有序开发的关系，解决当前煤炭资源开发过程中的一系列利益冲突、生态补偿和环境保护等问题。

2010 年 12 月，国家批准在山西省设立国家级资源型经济综合改革试验区，其主要任务就是：要通过深化改革，加快产业结构的优化升级和经济结构的战略性调整，加快科技进步和创新的步伐，建设资源节约型和环境友好型社会，统筹城乡发展，保障和改善民生。这无疑是对资源型省区发展的一种政策支持，但是这种支持对西北资源型省区总体发展仍然只是迈出了第一步。山西省是能源开发的老牌基地，应当在资源型经济社会转型领域先行先试，而陕西和内蒙古是两个新兴的能源大省，特别是内蒙古近几年煤炭产量已经超过了山西省。内蒙古和陕西两省区的资源型产业发展也必将经历山西省发展中存在的诸多困惑和问题，我们很难想象多年以后，也在这两个省区出现类似“综改区”举措。因此，从长远来看，以这些以煤炭为主的资源型省区为主，设立国家能源保障经济区，统筹兼顾西部这几个能源大省的经济社会转型发展问题。

2. 实施国家大能源战略规划

资源型省区经济社会的转型升级，需要与国家能源战略规划

相协调。实施“大能源”管理体制已经成为当今国际发展趋势。我国历次能源管理体制的改革主要是为适应能源行业发展形势，解决能源行业之间的矛盾，这显然难以适应“大能源”战略。应从战略层面对我国能源资源实行统一的宏观管理，制定国家层面的能源发展战略和规划，制定统一的能源政策和法规，加大宏观调控力度，建立一个从中央到地方统一的、以能源战略管理为核心的能源监管体系，推动建立国家能源统一市场。

3. 推进能源资源管理体制改革

在国家大能源战略规划下，构建新型的煤炭资源管理体制。科学划分中央政府与省级政府关于煤炭资源的管理权限；在坚持政府引导下，提高煤炭资源产业集中度；兼顾相关省区的经济社会利益，理顺中央政府和省级政府间的资源利益分配机制，也就是理顺国家经济与区域经济的关系，构建新型的能源资源管理体制。